U0053507

星夜出版
Starry Night Publications

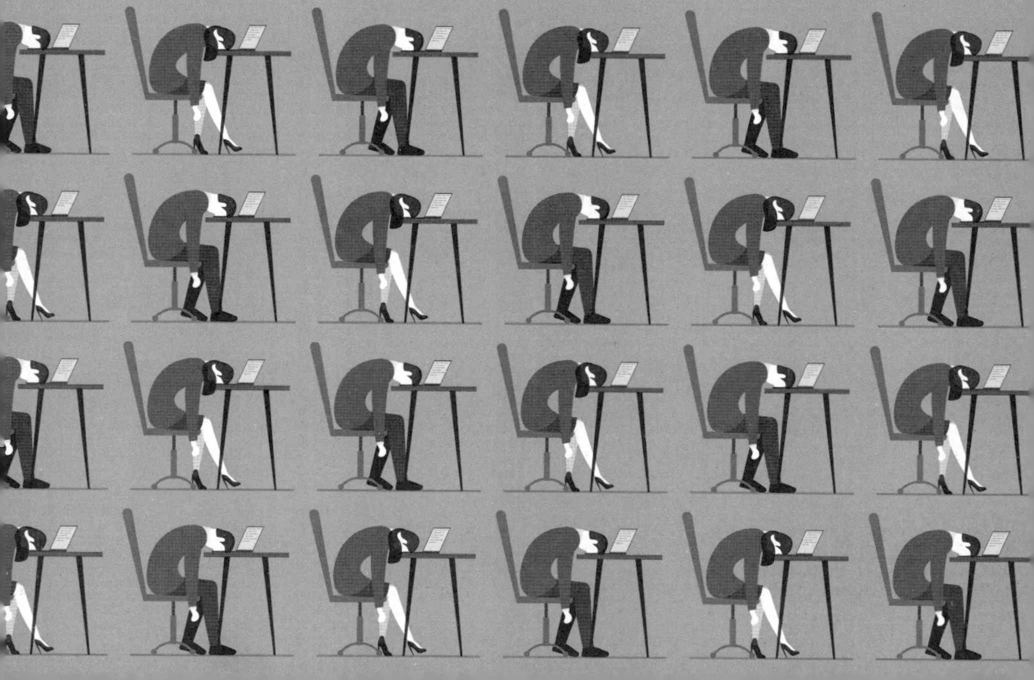

呆總 著

暴力拆解
68個
職場奇難雜症

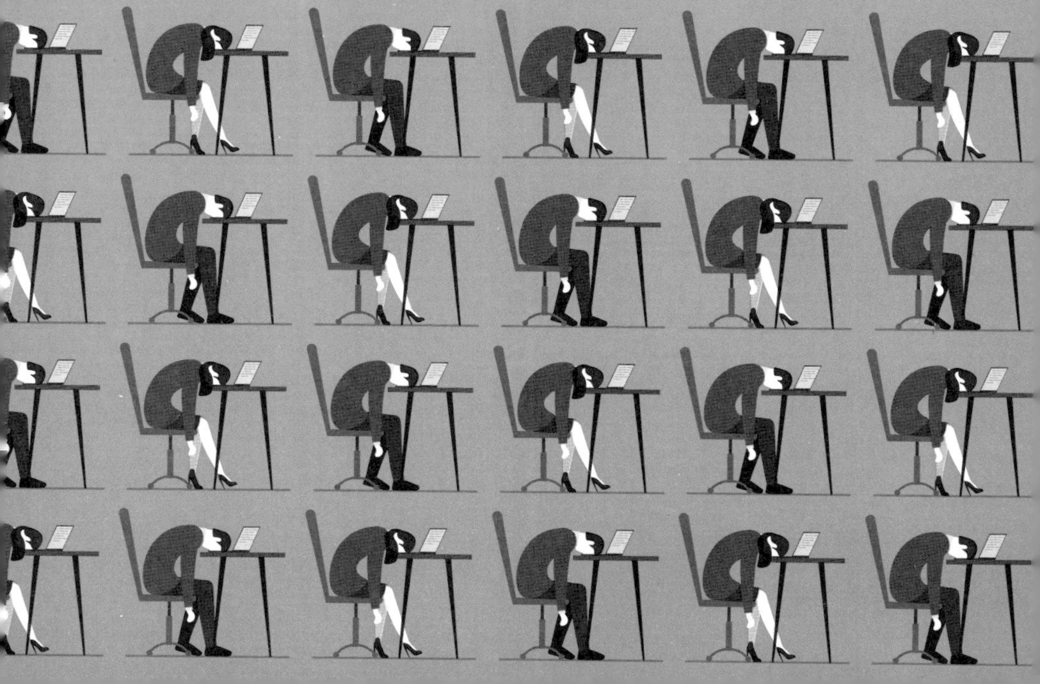

此書獻給我父母，

感謝您們包容了一個奇異的孩子

推薦序
忍一時之氣，滅自己威風

在職場有各式各樣的人，幸運的會遇上好公司、好老闆、好同事，但是奴工處自幾年前成立以來，收到的投稿都是眼淚多、歡笑少，而且每天投稿量上百，證明幸運的打工族似乎並不多。

有人的地方就有是非，職場免不了的是衝突，正所謂「忍一時之氣，滅自己威風」，遇上不合理、不公平的事，不能默默承受、容忍，最緊要是懂得自保！

呆總的這本書不是要教大家損人，但利己是每個打工族都要學習的。工作要瘋狂加班？公司有拖糧習慣？遇上控制狂老闆、斯德哥爾摩症同事？ Come on ！這不是「為五斗米折腰」的年代了，在職場當「Yes Man」也不流行了！你的態度決定你的人生，適當時候做個自私的人，你會在有如地獄的職場也能創造出自己的天堂。

呆總以 Q&A 形式，逐個拆解常見的職場奇難雜症，讓你對號入座，學習在風浪中自保。書中指「勞資關係跟男女關係一樣」，在愛情面前，你不先好好愛自己，誰又會好好珍惜你？在職場世界，你不好好保護自己，也沒有人會有責任對你好。

《不自私，你就注定做奴工──暴力拆解 68 個職場奇難雜症》是每個打工族必備而且要經常翻看的寶典，願大家都能在職場中游刃有餘。

奴工處
FB/IG：slavedepartment

自序
做人自私，會否變成人渣？變成你最討厭的那類人？

在與商科相關的心理學上，有人問過：「如果我追求自我，會不會變成人渣？」（建議搜尋關鍵字：business、selfish、benevolent。）答案是挺詭異的：「如果你會問這個問題，你就不會太過分，所以你根本不會變成人渣。」

你手上這本書是寫給會問這個問題的人。我在香港共事過二十多間公司的人，八九成其實心地不錯，至少處事公平：他們收這個薪酬，只想把事做好。但故意為難的人，大有人在，我們不能忽視，而且他們可以帶來的傷害是實實在在的。

引用《大亨小傳》（*The Great Gatsby*）的一句：「They were careless people, Tom and Daisy–they smashed up things and creatures and then retreated back into their money or their vast carelessness, or whatever it was that kept them together, and let other people clean up the mess they had made.」大意是，總有一些人肆意妄為，不理別人死活，然後把他們的蘇州屎——可以引申為實際的工作垃圾、情緒垃圾——留待別人善後。

這本書希望可以讓尋常的善男信女，一如你我，好好保護自己。世上沒有人最明白你的感受和需要，他人對你的照顧一定不會完全合適；你對他人亦然。如果每個人都自私，先好好照顧自己，每人對他人的期望都降低，世界會更美好，更少資源錯配，心靈上更少失望。

而我同時相信：你肯翻這本書，做人都不會太過分。虛與委蛇那班，日日都過得心安理得——根本不會反思自己，更遑論參考其他意見。

請放心閱讀。

呆總

目錄

推薦序......P.6
自序......P.7
前言......P.12

1

面對公司文化，自私一點

「爺就是這樣漢子」：盡量早收工......P.18
人工只包你工作時間內盡力，其他都是苛求......P.22
公司一處無良心，處處都可以無良心......P.26
勞資關係跟男女關係一樣，沒有白紙黑字便算了......P.30
錢可以再搵，胃爛了很難搞......P.34
每一間公司總有人毫不自覺地高談闊論......P.38
為人上司，給個方向，大家會走少很多冤枉路......P.41
同事想怨便由他們怨，習慣就好......P.44
遇上控制狂老闆、斯德哥爾摩症同事......P.46
筍工如李嘉欣，不是人人都愛......P.49

2

面對上司，自私一點

打工是公平交易，人工不包任人羞辱......P.58
有關上司的私人要求……......P.66
上司每星期都會捉我去「一對一開會」責罵我辦事太有效率......P.69
被專權的老~~seafood~~師傅針對了，怎辦？......P.73
上司搶我功勞，把我顯得白拉人工......P.79

你上司的過人之處可能是比你早生二十年 P.82
逢人只說三分話，工作不是交朋友 P.86
My Teacher, My Boss, My Hero P.89
溫心老闆愛上我 P.92
我的騙徒老闆 P.95
製片老闆有外遇，他老婆對我這個員工還不錯，該不該告訴她？ P.99
勞工處不是尋求公義的地方 P.102
老闆是男人，無能同事是男人，我是女人就要被排擠？ P.106
我老闆覺得凡事揿個掣就得，好易啫 P.109
一碟叉燒飯賣 $30，一碟油雞飯賣 $30，為甚麼叉油雞飯需要 $32？ P.112
帥哥花心，醜男也花心，當然選帥哥 P.114
上班第一天，有點懞了⋯⋯ P.116
連續開會九小時⋯⋯ P.118
被委以重任就是老闆看重我嗎？ P.120

3

面對同事，自私一點

自己的正義需要自己去伸張 P.128
有女人和你爭男朋友，說自己痛苦得想自殺，你會全力安慰她嗎？ P.131
「識做人好過識做事」很不公平？ P.133
掌管隨時萬箭穿心的中間位置 P.136
與同事分手後每日返工面阻阻 P.139
別人喜歡吃糞，不代表你都要喜歡 P.142
同事是老闆的臥底 P.146

目錄

同事無生意怪我部門做得不夠好 P.149
同事指指點點我辦事方式和外形妝扮 P.151
誰替你拿主意，你叫他吃狗糞 P.153
我的偽 ABC 港女同事 P.156

4

面對下屬，自私一點

和下屬太好朋友 P.166
我的下屬對我很有好感 P.169
我的脫韁下屬 P.173
得力下屬有異心 P.176
下屬哭訴人工不夠 P.178
下屬同室操戈，上司理不理好？ P.180
下屬經常請病假 P.182
下屬家有惡妻不想 OT P.184
下屬忽然發脾氣 P.186

5

身為兼職 / Freelancer，自私一點

時薪低，但勝在工時長，賺個經驗，好不好？ P.194
文案做到一半被反價 P.197
接 job 似生仔，現實可能比理想痛苦十倍 P.200
你中年發福的肥膩老闆問你月薪可否以身相許、錢債肉償，合理嗎？ P.203
有大客戶想請我，前提是我先免費工作一個月來證明實力 P.205

我朋友介紹工作給我，卻抽成很深 P.207
「被拖數是常識吧？」 P.209
老闆先買下我工作二十個小時，做滿又怪我時數多，不認帳 P.212
朋友試探我的商業秘密 P.215

6

面對合夥人，自私一點

八個人夾分做生意，做不做？ P.224
三人合夥，其他人不做事，怎麼辦？ P.226
人人都在踩界，好兄弟叫我一起踩 P.228
起步階段，盤數未清，有人想投資，應該考慮甚麼？ P.231
「感情關係中不被愛的才是第三者」？ P.233
不是人人皆諸葛亮，「謀士」意見不值錢 P.235
有合夥人更資深和年長，我友好的合夥人不理我意見，只聽第三人言 P.238
跟朋友合作談錢傷感情？ P.240
夫妻可以當生意拍檔嗎？ P.242
阿媽教落：除非兩夫妻拍檔，做生意最好一個人，對嗎？ P.244

附錄一：求職攻略 P.250
附錄二：劈炮攻略 P.261

後記 P.266

前言

我知道你有這樣的一份工，今日未碰到，未來都會遇見：

你有個不認同其辦事能力的上司，他日日只會吹噓成就，偏偏大老闆忍他；

你有個超搏命的上司，除了對著家人的時間外，凌晨兩點還在工作、覆電郵、傳短訊，更瘋狂的是他責怪你凌晨不回覆他；

你有個保護、欣賞、尊重你的上司，但你的薪金並不反映你的能力、你的晉升停滯不前、與新來的同事或半上司的工作風格不合；

你有個奪你功勞、妒忌你、永遠不教你、必要時跣你、怕你比他出色的上司，但你有半分能力不濟他又會嫌你幫不到忙；

你有個一邊加你工作量、一邊辱罵你，令你懷疑人生、質疑自己不夠努力和賣命的上司；

你有聽話的下屬；

你有無大無細（甚至調戲你）的下屬；

你有不聽要求、聽了都做不到的下屬；

你有陽奉陰違的下屬；

你有極度積極想搶飯碗、經常越級打交道的下屬；

你有發脾氣的同事；

你有不合作的同事；

你有怪同事；

你有好同事；

你有怕事的同事；

你有對你私事非常有興趣的同事；

你有熱臉貼冷屁股、冷漠的同事；

你有屬理想戀愛類型的同事；

你有離職後不是朋友的同事；

你有開明的老闆；
你更大可能有扮開明的小器老闆；
你有明明很有錢但刻薄的老闆；
你有帶領全公司沉船但以為自己是海賊王的老闆；
你有明知自己帶領全公司沉船但叫員工隻眼開隻眼閉的老闆；
你有老千老闆。

説中了多少？

每個人的故事都不同，但間間公司其實都差不多，個個職場問題都相似。上班佔了人生至少三分一的時間，加上上班路程，撇除睡覺，工作已佔你人生的大部分。如果你工作很苦惱，不停調教暴走的下屬、管理EQ零蛋經常失控的上司，到你退休的一刻回頭一望：你究竟把自己的人生過得有多荒誕呢？（周星馳電影《破壞之王》中的經典對白：「好玩唔玩，玩屎？」）

這本書寫來是為了提醒你：「你」才是職場的主角，你人生的主角。這個態度可以替你解決很多煩惱。相信我，很多工作到你辭職那天，一切努力和血淚都歸零。只有「你」伴你自己繼續上路。

那又怎能不先顧住自己呢？

（以下Q&A，九成九是真實案例。如你有幸或不幸遇過類似的，就當得到一個當時的實際建議吧。未遇過的，就當是打預防針，難保在不遠的將來你會遇到，學會遠遠避開。）

1

面對公司文化，自私一點

恭喜你來到職場這遊戲，初到貴境，人的好壞還可以假裝一時三刻，忠奸未知。正如拍拖一樣，一開始，大家都是將最好的印象留給對方。男孩子天天 gel 頭，女孩子天天梳妝打扮、香水襯衣飾物樣樣齊，真性情大家都要慢慢摸索。

所以第一個衝擊便會是公司文化──你未知你上司下屬老闆同事是甚麼人，但你上到門，會隱隱感到妥或不妥。

公司文化是一種很玄的東西，上行下效的一種約定俗成。有些公司很友善、同事很樂意守望相助，一起解決問題（你會感受得到）。但也有些公司建立惡習，以便管理。例如我見過有老闆喜愛用權術鼓吹內鬥，部門主管會互相踐踏、爭奪資源，從而沒有人會挑戰到他創辦人的地位，亦不怕部門阿頭們會聯手自立門戶。

新嚟新豬肉，仔細觀察，慢慢接觸，多看少說話，不要太上心，同事也不必太交心，難保你一個勢色不對，早走早著。

「爺就是這樣漢子」：盡量早收工

呆總您好：

我剛剛畢業，找了三個月工作，終於找到新工作！朝九晚六，但我第一天上班就發現沒有人準時六點走，很多都留到七點才走。我想先走，又有點尷尬，好像顯得我工作不夠賣力，怕留個壞印象，心裡總是覺得拿公事包走人，其他同事會向我投以嘲諷的目光。但我剛入職，手上的工作不多，同時我見到有同事寧願留在公司上網，直至六點半才走。

我的上司遲遲都未放工，留意了好幾天，她會準時七點才走。她口裡說我可以隨時走，但又提示我要對公司上心。我應該怎樣做？

OT 無補水的 Victor

寵壞新女友的 Victor：

你一開始拍拖，大家都在摸索和磨合一段新關係，大家規矩大家定。例如：約會的飯錢是不是一定由你支付，是每個月還是每年一次慶祝紀念日，要不要事事交代行蹤，大家可不可以和異性朋友單獨食飯，等等。一開始做壞了規矩，便難改變既定印象。你天天送玫瑰的話，若然有一天你不送，你女朋友就會責怪：「你變了！」

所以一開始堅定自己的立場，大家會較容易接受——「爺就是這樣漢子」[1]：爺就是會盡量早收工。其他人有壞的規矩，賴死不下班，又或者每天替女朋友埋單找數，是他們的事，是他們在關係之初放棄了太多。而你卻是新人事新作風，一句「新人唔識規矩」可以推託很多惡習。

你把別人的惡習看在眼內，亦不必想太多，想走就走，因為他們的規矩可能有他們的理由。或者遲放工是有人為了避開交通最繁忙的時段？或者有人想利用公司的高速上網去做自己的事？

1 「朕就是這樣漢子！就是這樣秉性！就是這樣皇帝！」出自雍正皇帝硃批。火象星座射手座的傢伙，與工作狂嚴肅形象不符，其實很奔放。

你初初上班，根本沒有要事，再遲收工都不會亦不能為公司做到些甚麼。說真的，你更怕自己不合群、突兀尷尬吧？

如果你臉皮比較薄，可以想一個理由去早走，例如趕去進修班，有孩子的說要接送孩子，要買菜煮飯的說要趕去街市，某些交通位置於某個時段特別人多要早早避開，要接女朋友怕她給你綠帽子，要接男朋友趕走狐狸精，要約情人偷食等等。但其實不需要的——準時放工是天經地義。如果需要加班，你上司應該要和你說清楚。死皮賴活留在公司不代表對公司更上心。

或者你上司不明白這道理，你也可能打算在公司長期發展，不想太斤斤計較，你可以用一個恩賜的態度說明加班不是你的常態，但為了某些重要的項目，你不介意加班，讓人明白你不是可以被隨意安排公餘時間的人。（加了班之後，有沒有補假，就看公司制度和你的牙力了。）如果連自己都保護不到自己，大部分上司是不會替你著想的。（遇上會的，請感恩。）

如果上司強硬地表示你應該無償地加班，你要考慮一下這公司有甚麼非要留下不可的理由，因為這公司文化並不健康，上司也不是好上司，你留下來有甚麼好處？為自己訂立一條止蝕的死線。或者應該騎牛搵馬，早走早著？做人還是自私一點好。

總會想想打工為了些甚麼的呆總

人工只包你工作時間內盡力，其他都是苛求

親愛的呆總：

大老闆回巢，雷厲風行地強勢回歸，要整治和改革公司。這就糟糕了。我手提電話屬於公司的WhatsApp大小群組有三個，微信一個，他很喜歡24小時全天候傳短訊過來，最可怕的是：他·期·待·員·工·會·回·覆·他，包括下班時間。而且內容不只是無關痛癢的行業新聞，很多時他自己還未下班，八時許九時依然查問工作內容；如果不回覆，隔天就會假裝沒所謂地問我們為甚麼不理會他，也故意留難不給他即時答覆的同事，大家都怕了他。我的上司會幾乎即時回覆，回覆晚一點都要解釋，我這些小薯好像沒有不跟從的權利。

我跟我朋友訴苦，他們都説這情況屢見不鮮，但犯不著為了這些小事太不滿，如果簡單的話，即管可以回覆。如果問題太繁複，就即管在群組留言：「這個待考，明天才給你答案。」

我朋友好像有道理，但我的心裡還是不舒服，覺得老闆不尊重員工的私人時間。你會怎樣做呢？

苦惱的小毛

不需要亂抓頭毛的小毛：

新官上任三把火，大老闆回來後有一片新氣象都是人之常情。畢竟公司是他的，他想殘害肝臟建立江山——是他個人的事。但下班時間是你的，別犯傻，不要受那套「你收了人工就要 24 小時賣身給公司」，人工不包的。你人工只包你工作時間內盡力，其他都是苛求。PERIOD.

有些問題，只有你可以回答：你上班是為了甚麼？為錢？為家人？為前途？為 work-life balance？為學習？為經驗？做所有決定先想一想工作的初心，便不會太迷失。例如有同事是為了讓家人過更好的生活，才努力工作，如果為了工作犧牲家庭時間，就是不明智。反之如果你本質是沒所謂的，你工作就是為了升職，為了搏表現和加人工，把自己的公餘時間都奉獻給公司，也是合理的個人選擇。

我想你心有不甘，大概不是後者。那就該好好保護自己的一切，因為沒有人會替你發聲；也不要假設別人都迎合了老闆，你就要聽命——因為他們想要的可能和你不同。

我以前有位上司，非常好，她會頂住老闆的壓力，自己先回覆，在群組內留下她的疑問，然後請其他同事於上班時間才回答她。久而久之，老闆如非必要都減少在上班時間外留言，亦明白他的留言不一定會得到員工即時回覆。當然我那上司是萬裡挑一、面面俱圓，不是每個上司都做得到，所以有些事要自己實行。

看你的經歷，你應該還是小職員，直接和老闆抗衡需要牙力和資歷（或者膽子夠大直斥其非，拼死無大害，「炒我吖笨？」），在「順從」和「抗衡」兩者間，可以選擇舒服一點的第三條路：虛與委蛇。你可以晚得很才回覆，你可以給些不用大腦思考、模稜兩可的待考答案，你可以有十個問題只回覆三個，其他人拍馬屁熱衷回答時留兩個 emojis。這看起來好像有回覆，但意義全無──既不進取，也不需要太用神。

相信我，細心留意，可能你不少同事都是這樣支吾過關。

請你不要太上心的呆總

公司一處無良心，
處處都可以無良心

呆總：

你好。我公司是在每個月最後一日出糧的，但我們每個月都會上演一場戲碼：逢30或31號同事之間就會互問出糧了沒有，按按網上銀行戶口更新，總是沒有。

大家跑去問會計，會計部會推去人事部，人事部又推說老闆未簽紙，這樣就拖延一兩天，然後老闆又會失蹤幾天，就算現身都以趕著開會為由/說會辦好但轉頭匆匆忘了，速速離開公司；好像當同事傻子一樣耍，有些資深同事都習以為常。

一拖再拖，藉口很多，最過分我試過十號才出到糧，但我信用卡的帳還是要還的！我快要過三個月試用期了，應該留還是不留？

利申：我人工算是不錯的，他們每次到最後都有發薪，就是從不準時。聽同事說這是一直以來的情況，見怪不怪，就當是十號出糧好了。我會計較，是不是很小器？

懷疑人生的Mavis

應該懷疑公司的 Mavis：

走吧。完。

這樣太武斷了吧？其實你沒有給我太多的資料，勞工法例列明遲發工資七日都不算犯法，就算是十號才出糧，如果你想做下去，你會去勞工處控告你的僱主嗎？正常人怕麻煩，亦無謂一拍兩散，大多不會。但如果你未做夠三個月已經發現公司有這問題，相信問題只會愈來愈多。

我想起以前有一份工也是這樣的：成立十年以上的公司，除了會計以外只有兩個同事資歷長過一年，同一時間於公司存在的同事大概十人。有個年資一年多的同事說見過的新同事大概百餘個，如果她做保險就發達了。新同事「貨如輪轉」，老闆們每日的要求匪夷所思，每天都聽到他們的斥喝聲，或是互相責罵。

糧，也是一拖再拖的。不是不給，就是一直厚著臉皮地拖。有時假裝忘了，責怪會計：「點解你唔提我呀？」愈做得久更發現公司營銷手法有問題，懷疑作出虛假聲明，便決定早走早著。見微知著，公司一處無良心，處處都可以無良心。你可以想想：站於僱主的角度，遲出糧不會帶來太多的利息，損人不利己，心腸怎會好？或者他周轉不靈，真的需要幾天時間，你又要想想：一間連員工薪金都周轉不靈的公司，有前程嗎？老闆這船長對公司的安排一切在掌握中嗎？

那間終日吵鬧的公司在我離開幾年後，上了香港電台的電視節目《鏗鏘集》，真的被揭發作虛假聲明。

還是早走早著罷了。

成世流流長總會打過幾份 shit jobs 的呆總

P.S.

是不是太多人把「公司」拿來當「老闆」的擋箭牌？「公司規矩是這樣。」但規矩是人訂立的，不是《2001 太空漫遊》憑空出現的黑色石碑。這是管理層有問題，是老闆的處理手法有問題。

勞資關係跟男女關係一樣，沒有白紙黑字便算了

老練的呆總：

您好！試用期後會調整薪金，我一直以為是職場的常態。然而我過了試用期，竟然一毫子都沒有加，亦無鼓勵，但我應徵時被壓了價，僱主和人事部明示暗示我先在試用期證明實力，過了試用期會再作調整。我覺得工作還是有趣的，願意拿三個月的較低薪酬一試。現在沒有那回事，還説要等年尾一次過再調整，到時還會有花紅。上司解釋這不是例外，是「公司規矩」。我有甚麼可以做呢？

心急人 Gillian 上

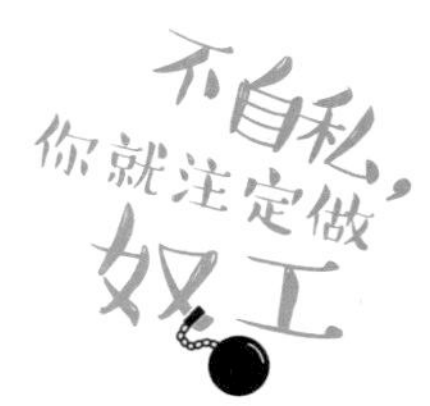

不大小心的心急 Gillian：

唉呀，勞資關係，跟男女關係一樣，沒有白紙黑字的，都當是嘴頭便宜便算了。口甜舌滑的那些空言，要有心理準備可能會遇到負心漢將之如粉筆字般抹去（粉筆字還留有痕跡，應該說是鎹水倒在黑板上）。所以工揀人、人揀工，雙方都要看清楚大家，不是誰願意點頭認領你回去就算。

僱主的空言可以有很多種，最典型的是讚美：「呢個 Project 靠晒你」、「無你公司頂唔住」、「有前途，我睇好你」、「醒目仔，XX 升咗第一個就係你上位」。口惠而實不至，聽了舒服開心就好，不要太認真。那是不是全部都嗤之以鼻？不是的。和拍拖一樣，呃呃氹氹就一世，沒有那些甜言蜜語，誰的日子都過得不好。

比較實際的空言可以是：明示暗示你會升職、加人工、獲取海外受訓的機會、有花紅、說某些項目如有錢賺，分若干百分率給你。沒有白紙黑字，你就當不存在吧。

最後的那項「如有錢賺，分若干百分率給你」，即使有白紙黑字，都不要當作一回事。因為所謂「項目有盈餘／有錢賺」，會計部、行政部可以秒速把盈餘歸零——租新辦公室不成？把人工算進項目成本不成？機器呢？雜費呢？董事顧問費呢？花樣可以百出。至於海外受訓，買了機票才當真。若是手上有幾張聘書，互相比較薪酬待遇，空言通通不計，除非寫得清清楚楚。

所以在受聘的那一刻已經要寫清楚、問清楚。説會調整薪金，就把三個月後會調整薪金的事寫在合約上，大家都有保障。（主要是保障你，但亦保障了僱主可以留住你──冷不防你不滿薪酬太低，努力去找其他工作。）

過去的已成過去，只可以下次留意。你的公司是間挺無良的公司，的確在香港工作過了試用期，加幾百元以示鼓勵都是常態。就這點，你可以做到的不多，即使鬧上勞工處，合約沒有寫明，勞工處這個只有在發生勞資糾紛時偏幫僱主的部門是不會幫到你的（即使我現在是僱主也會這樣説，呵呵）。而你可以問清楚：所謂的「年尾才調整薪金」，是西曆年尾，還是農曆年尾，還是財政年度年尾，然後考慮自己想不想拿著這被壓價的薪酬等到那天。

花紅這回事，你可以跟友好的資深同事八卦一下往績如何，豐厚與否、準時與否。我做過最惡劣的公司一直拿派花紅作幌子，整年叫大家努力，一起趕幾個大 projects。隔年過了農曆新年的三月，上司才靜靜告知每人有四分之一的月薪作為花紅，一半的花紅當月發放，餘下的則留待九月再出。那年三月收到人工的第二天，我二話不説就辭職。（公司就刻薄地節省了下半部分的花紅了！）一半是感到不受尊重（那一年公司賺了不少，僱主推説租置新辦公室花費大，但新辦公室不是我本人需要、想要或願意用薪金換取的），一半是感到被騙了大半年。

我的過往經驗：在薪酬上跟做到事的員工斤斤計較的公司，通常不是好公司，你的更甚——因為人事部有分一齊欺瞞你。這跟一個爛人拍拖——他用花言巧語給你空頭支票，説跟你去旅行、送禮物給你，而他母親一起陪他做大戲，哄你説你是乖媳婦，將來會是好老婆；到頭來你不停空歡喜，期望不停地一一落空，你卻跑來問我應該怎樣做？

凶兆也。睇路。

一次不忠百次不用的呆總

P.S.

不少公司是：你不開口要求加人工，他們就不會主動給予你。若遇上這樣的公司，如有這個必要，先探一探市場薪酬，又看一看 HR 每年的薪酬報告，臉皮厚一點，開口為自己爭取吧。

錢可以再搵，胃爛了很難搞

呆總你好：

不知道你有沒有試過輪班工作？我剛剛在機場找到一份工作，每更12.5小時，吃飯時間只有1小時（而且食飯地點很遙遠），工作時總會肚餓，開始有胃痛跡象。試過偷偷把乾糧放在桌下，都被同事暗示最好不要吃，一次起兩次止。他們都沒有工作時吃東西的習慣。我可以怎樣爭取呢？還是繼續偷偷吃？

機場底部的小底

饑腸轆轆的小底：

説笑地說：「所有感情問題都一律建議分手。」

但說認真的：「所有新入職問題，都幾乎一律建議再找新工作。」這份工作應該不適合你，因為你真的胃痛。錢可以再搵，胃爛了很難搞。

正常人類的胃部構造，進食後待四至六小時就會清空，你這食飯時間，加上進出機場底部的時間，下班如果再遲一點點，怎樣吃都滿足不到生理需要。有些人類生理構造，非人力或鍛鍊身體／意志力可以控制，正如你不會告訴一個女人：「你身體強壯一點，就可以控制避孕。」其他人體質如何是他們的事，不是你比較孱弱，只是人人不同。（分手亦然，分手可能不是你不好、或是她很差，只是你們不適合。）

但這個建議有點涼薄，畢竟拍拖可以不拍，工作有時不能沒有——會餓死自己和家人的。而有些工種不是說想找工作，就會隨時找到；可能你要在同一工作待一會兒。

所以這次我會嘗試從解決問題的角度入手，首先要保住你的胃部：

- 多飲水。（所有上班族都要注意多飲水。）沒有工作連水都不准飲的。飲水可以減低飢餓感，飲寶礦力、葡萄適之類的能量飲品，也是解決方法之一。有些人斷食時只飲蜜糖水，可以考慮。

- 吃飯時不妨多吃點消化得慢的東西，例如含蛋白質和高脂肪的食物，豬肉的消化時間需要至少三小時。

- 偷吃吧，沒有人會阻止到你出入洗手間時吃乾糧，但這方法太可憐了。你可以留意一下，有煙癮的同事的去向，他們都是你爭取自由的戰友們！他們總會溜出去抽煙，你都跟著溜出去吃餅乾吧。同病相憐，大家都只是卑微地偷幾分鐘做有強烈需要的事，他們不會告發你的。

之後的事你可以搏一搏：同事勸你不要吃乾糧，但不是主管勸你，而且輪更的主管時有調動──這個主管不同意，不代表另一個主管不能隻眼開隻眼閉。你吃得低調的話，或者他們根本注意不到。即使他們真的注意到，最多只會說你一兩句。你嘴裡說好，身體卻很誠實，隔日照吃不疑，正常

人臉皮都不大厚，阻止人吃東西亦貌似不人道，不會天天罵你。試回想小學時偷吃零食被老師發現，大不了就是沒收零食，跟家長投訴，你這麼大的一個人，難道上司會因你工作時吃餅乾找你父母麻煩嗎？

其實這是小事一樁，但如果你真心跟同事説過你不吃會胃痛，他們都不放過你，不如再找新工作吧，這些人奴性得變態的。

祝，身體健康。

身體比工作重要的呆總

P.S.

分享一個朋友的經驗：上司是個海外歸來的博士，不代表會因此更開明、更人道。她整天叫我朋友工作，沒有預留食飯時間，即使在朋友捱到四點吃下午茶時都會打電話查問行蹤，催朋友回去。這朋友不幹了，後來胃潰瘍，要入院照胃鏡。不能說是上司的錯，我相信我朋友只是習慣了捱餓，為工作食無定時，沒有汲取這奴役經歷的教訓而小心守住自己的飯鐘。

每一間公司總有人
毫不自覺地高談闊論

Hello，呆總：

我在一間startup公司工作，本來公司只有我和老闆。老闆是個話很多的人，我一開始不以為然，因為他說的都是新穎的見解，我可以聽一個有錢人是怎樣看世界。

後來公司請了幾位員工，我也有參與招聘的過程。第一和第二位新同事人職後，其中一位要做的事不多（我早就說不要聘請她，太長氣了），整天跟老闆高談闊論，即使好些老闆的「新穎」見解不再新穎，且開始重複，那位同事依然附和他，加上第三位新同事一樣很喜歡拍馬屁，三個人一起，整天都非常吵。

我和第二位同事都很無奈，有時也會交戲，表現出對他們的話題很有興趣，但有時太忙，真的巴不得他們住口。在一間總是很吵鬧的公司裡，我可以怎樣做呢？

金毛獅王

金毛獅王您好：

我笑了。金毛獅王才是「獅吼功」把人吵得情願自毀聽覺的那個，你搞錯了角色。

每一間公司都總有同事毫不自覺地高談闊論，打擾全世界，彷彿自己的意見值得全天下借鏡。You are not alone.

其實很簡單，你這老臣子不怕得罪老闆的話，可以索性戴上有線的耳筒，播著輕音樂也好、海浪聲也好，耳筒會消音也好，專心工作時專心工作就是。即使你可能沒有在播甚麼，可以聽到他們的對話，但他們見你戴著耳筒，你不理會他們也是理所當然，不必太花時間交戲。

你有那麼多落力交戲的同事，不必擔心老闆無聽眾而面目無光，待你比較空閒、心情又好時，不妨去陪個大笑臉，在老闆說笑時哈哈大笑吧——始終打好關係也是重要的。但最重要是把工作做好，否則老闆會翻臉不認人，同事再友好都不會保你。

公司氣氛熱絡，很多時是好事，如果老闆苛刻，你一上門就知。有一次到上環面試，整間手機程式公司十幾二十人，每個都是年輕人，嘻嘻哈哈才是常態，怎麼都噤若寒蟬？由門口走到會議室的十秒，我已決定了：這份工最好不要。

果然，遲到的老闆尖酸無禮至極。（又是那些典型的中小企中年男老闆：「我本來就覺得你資歷不夠、要求薪金太高，皇恩浩蕩故且給你一次機會，聽聽你有甚麼看法」之類。哦～如果我資歷真的不夠，人工又達不到我的要求，大家就不要浪費時間喔！我都認為　貴公司太 cheap 了。）

也有些公司，同事閒聊都是一句起、兩句止，大家不想互相了解，最好不涉及私事，一起吃飯都沒有事可聊，只好短暫地說說電視電影，說說旅行和附近餐廳。這種半官僚的環境，也不是不能接受的。獨善其身，每月出糧，升職加薪就好。

所以你呀，可能是身在不幸中之大幸呀。

微笑中的呆總

P.S.

聲音是以分貝計算，正常人說話會有 60 分貝，你老闆大嗓子，假設是 65dB，三個大嗓子一起吵就大概是 70dB（log65 x 3 = 5.44dB），吸塵機都只是 70dB。人類耳朵每 10dB 便會覺得吵了一倍，所以你要忍受大嗓子老闆一人講話的 1.5 倍聲浪，確是十分辛苦的。

為人上司，給個方向，大家會走少很多冤枉路

呆總：

你好。我知道我這個問題是常態，但我真的很苦惱。我算是中層管理人員吧，下屬有任何問題，都會走來問我；上司有任何事想我處理，都會叫我過去。但我平日都算忙，可能不懂multitask吧，被打斷後時間變得零碎，剩下我可以集中精神處理自己手上工作的時間已經很少，進度不佳又會被上司責怪，很是苦惱。

總不成劃出一兩個「生人勿近」時段，我見其他同事都來者不拒。請問怎樣能提升multitask的能力？或者改變一下公司文化，讓大家都有可以專心做自己工作的時段？

Ivan

不花心的 Ivan：

人類大腦其實不能一心二用。所謂的 multitask 只是大腦不停轉換要處理的事，人人的轉換速度不同，無謂怪責自己。

儘管改變公司互相煩擾的文化這處理方法太宏大，不妨一試，但不成功也不必氣餒，始終積習難改。

我都明白人進入狀態時的工作效率會幾何級數上升，被人打斷是很不爽的。你可以從兩處入手。

若有事交代你的下屬，你可以預早講清楚，包括工作要求、外界參考資料、過往的做法、限期等，然後電郵他以上的資料（即使下屬表示聽清楚記得到），清楚列明一次要做的事項，減少他重找你的次數，有問題就看電郵吧。到他實際上出現問題時，即使你再忙得不可開交，也不要爛好人，直接告訴他你忙著，請他先做其他事項，過一兩個小時你會找他，把時間的主導權奪回手中。

至於上司的呼召是無可避免的，因為你的存在就是為了幫輕他，而你可以把握他和管理層開會的時間如火如荼地工作。習慣性交代工作的進度，讓他知個大概，就會減少問（候）你的次數。跟與下屬交代工作一樣，逆向操作，每次上司交託工作時，盡早得到他想要成果的大概，請他提供參考，了解何謂達致滿意，至少有個方向，大家會走少很多冤枉路。

實際應付上司和同事的操作，和你工作時要處理女朋友／妻子、父母、朋友、客戶找你的短訊和電話，並沒有太大分別。你怎樣對他們，「唔好意思我開緊會，過一個鐘再搵你」，你便怎樣應付同事吧。

經常製造 multitask 假象的呆某

同事想怨便由他們怨，習慣就好

Hi 呆總：

小事一樁，牙痕一問。公司是一個大家庭，同事們都習慣了一起吃午飯。我朋友多，在這間公司做熟了後，附近的朋友都約我出去吃飯。但我每次和同事們說「今天我約了人吃飯」，他們都有點幽怨，長此下去似暗示我不大合群，也少了很多八卦的情報，我可以怎樣又出外吃飯，又不招怨呢？

Kristy

牙痕需要磨牙的 Kristy：

你好像有個沒有朋友的男朋友，每天需要陪伴他，否則他便會怨你心太野、爛玩，但長此下去你變得無趣，大家都相對無言。你也真心不想 24 小時互相黏住對方，即使大家相處融洽。

所以同事想怨，便由他們怨吧。午飯時間始終是私人時間，你不必交代理由，可以自行隨意安排。（這和去洗手間一樣，你不是《月黑高飛》的釋囚，去洗手間不用舉手和主管講。）當他們習慣你一星期總有幾天不跟他們吃飯，也不算是甚麼新聞，習慣就好。

群體生活是必要的，打交道亦是必要的，可以把一兩天留給同事，一兩天留給朋友，一天留給自己。我強烈建議你間中找一天，自己和自己吃飯。每間公司都有八卦，每間公司都有人事糾紛，update 不需要太頻繁，生活不是電視劇，不是天天有事發生。給自己一個寧靜的空間去充充電，獨處一下，不被公司的「家庭樂」包圍，也是樂事。

少了吃飯便少了八卦資訊？不一定的。在公司內你總有好友，可以間中問問他們。而太多八卦，其實也沒有實際作用，雖不可不知，但知太多也是浪費時間。

多朋友的孤獨精呆總

遇上控制狂老闆、斯德哥爾摩症同事

呆總您好：

我懷疑我兩個老闆就是所謂的「直升機老闆」，在員工的上空盤旋。他們兩夫妻長期不在公司，卻在公司裝了八部閉路電視，全天候無死角地監視同事。

我一入職時已經有，但公司沒有張貼說「正在攝影中」，這是侵犯個人私隱吧？同事說他們不會無聊得長期看著直播，所以可以放心，又說等於請菲傭的都會在家中安裝網絡攝影機拍攝，如有問題才翻查。但我總覺得有人盯著我背後工作，很詭異。這是正常的嗎？

滿腹疑惑的阿泰

合理懷疑的阿泰：

你老闆們可能是變態的，把你們視作《魚樂無窮》的電視節目。不知道甚麼是《魚樂無窮》？以前在深夜時分亞視本港台和國際台會直播熱帶魚在魚缸游泳。而你就是那條熱帶魚。

你老闆們亦可能是控制狂（control freaks）。你同事可能是患上斯德哥爾摩症（Stockholm syndrome）——同情綁架自己、加害自己的人而且替他們説項。如果公司有通知員工有錄影，且如非特殊情況，錄影紀錄不能保存超過合理所需時間——不能超過七日，這是合法的[2]，正如銀行等工作地方都有。

但合法不代表合理。正常一間公司，沒有錢財交易，沒有甚麼東西好偷（一兩塊橡皮擦？一兩疊 A4 紙？），犯不著長期監視不同方位，如果公司辯稱是為了防盜，閉路電視又是否唯一的方法？説穿了就是你老闆二人不近人情，假設員工會有不利公司的奇怪舉動，想員工每秒都在工作，要阻嚇他們不要輕舉妄動——這種監視違反人性。

2　僅供參考，詳情請參閱個人資料私隱專員公署網頁及諮詢法律界人士。

我勸你早走早著，因為在這環境下工作，你不會快樂。同事都在認同專制，你也不會快樂。在成功逃脱之前，你可以考慮買防偷窺螢幕貼，早點返公司貼上，不要驚動其他奴性重的同事，以免他們向老闆打小報告；看看閉路電視能影到甚麼？（不過如果他們無聊得會長期監控，很快便會發現你的螢光幕一片漆黑，轉眼就會出通告禁止同事使用防偷窺貼，你就會知道他們是甚麼人了。）

當然人人處理被監視的手法都不同。不妨留意一下，即使是在監控中工作，應該都有同事照樣説笑、玩電話，視閉路電視如無物，這也不失為一種半反抗的生存模式。只是你和這公司又不是有甚麼深厚的感情，既然可以選擇，為甚麼要活在白色恐怖下？

劫後重生但沒有斯德哥爾摩症的呆總

筍工如李嘉欣，不是人人都愛

呆總：

我知道這樣說，或許會有很多人想打我、羨慕我，但我的工作真的很無聊！我是當大公司的Sales Coordinator，負責安排及處理公司銷售員到世界各地的機票住宿和公費發票。兩萬月薪，有個超大落地玻璃向海的辦公室，有無時無刻充滿任飲任食的汽水、生果、Nespresso、餅乾的茶水間，我彷彿每月只需要認真工作幾日，其餘時間沒有人會管我的。天堂呀！

我才24歲，上班半個月，已覺得好像在浪費人生一樣。我想辭職，但很多人告訴我這是筍工，千萬不要辭職，說我會後悔的。我應該怎樣做？

Amy

幸運的 Amy：

時代選中了你當一個幸運兒，這樣的工作，聽起來應該很多人都巴不得取而代之。不過甲之熊掌，乙之砒霜，箇中的願意和不願意只有你才清楚──李嘉欣不是人人都愛，筍工亦然。（其實我想寫朱千雪，但好像未夠分量，這個時代缺了公認「大美人」這號人物，遲一點後生都未必知道李嘉欣、關之琳是誰了。）

簡單來說：這是一份令你不能成長的悠閒工作，你是一隻金絲雀。

問題是：你需要成長嗎？（做一隻金絲雀是《家有囍事》蘭子歌頌的理想。）有些人想一生安安穩穩、舒舒服服，然後成家立室，你的工作就一流了。乖乖地在公司長做四五年，月薪五萬是有可能的，因為你在跨國企業 MNC 工作得夠穩定（落地玻璃向海辦公室嘛，十之八九是跨國集團才付得起錢養悠閒的人，no offense）。

只有你才最明白你想要的是甚麼。憑你那句「我才 24 歲，好像是浪費人生一樣」，應該是把錢財和安穩放於較後的位置，我想你想要的是成長。那就走吧。

你現在走了，他日是會後悔的。我不是説笑，尤其是那茶水間，你説説我也羡慕。但即使將來會後悔你也必須這樣做，因為這是要成長的代價。當你被養大了視野和能力，沒有的反而是時間；這份筍工給你時間做自己想做的事，但你眼界又未夠廣闊，不會有足夠認知明白甚麼才是自己真正想做的事，人生就是這樣兩難。

記住今日的初衷，明白今日要離開的原因，忘記那些（為你好的）三姑六婆，破門別去不回頭，他日便可以跟自己説不怎麼後悔。

曾經筍工難為水的呆總

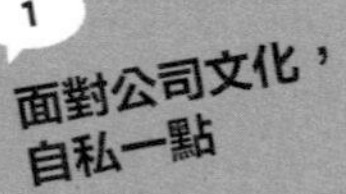

呆總筆記

公司文化是一個整體，羅馬非一日建成，也非一人建成，如果剛剛入職已很不滿，除非有非留不可的理由，否則我真的一律建議繼續找工作，裸辭也好、騎牛搵馬也好，最重要是自己知道自己的方向是離是留。

如果賣身已久才發現積習難改的問題，首先就是要保住自己、獨善其身，肯定自己不被人左右，然後才想如何改善或改變其他人。

當機師的人都有個習慣：如有空難，第一時間替自己戴上氧氣罩，才去理會其他人（例如副駕）；自己保不住自己，周身蟻，對誰都沒有好處。

重點

- 初人職可以以不懂規矩為藉口，打破公司已有的不良框架。
- 遲收工不代表盡責。
- 自己不捍衛自己的薪金福利、私人時間、身體健康、精神健康、道德價值、寧靜的工作空間、尊嚴、私隱、人生目標，無人會捍衛你，你只會任人魚肉，他人亦絕大可能會得寸進尺。
- 拖糧的公司不是好公司。
- 沒有白紙黑字寫明的福利，一律當不會成真，不作考慮。
- 良好的溝通、白紙黑字的電郵可以減少浪費時間和心機。
- 麻煩的事打生打死都不會搞定，不如早走早著，退一步真的海闊天空。

2

面對上司，自私一點

每個人打工都有自己的目的：錢、前途、培訓、經驗、和諧的工作環境、友好的同事、接觸新事物的機會、工作和生活／進修的平衡、面子、快樂等等，你的上司都不例外。

英文「Boss」一字很玄妙，不止是終極老闆，有時可以用於頂頭上司，他們都有自己的上班目的，這些目的和你的目的未必一致，有些牌面的理由又和他們枱底的理由不一樣，而這些理由可以轉變，他們的性格又會影響他們的行為（人是感性的動物，不是機器，面對再講道理的人都請記住這一點），在摸清摸楚之前，還是管好自己的底線會好一點。

打工是公平交易，人工不包任人羞辱

呆總：

剛剛發生了一件工作十年來都未遇過的詭異事件。我的腦子一片混亂，很想聽聽你的意見。

是咁的。

我去了一間IT公司工作，待遇比市價低一點，但我特別喜歡面試時美艷和善的女上司，和作風洋化、從美國讀書回來的中年大老闆。他侃侃而談，我預感會獲益良多。

試用期間，上司和大老闆都沒有微言，和顏悅色，言談充滿鼓勵和美式「can-do spirit」的正能量。公司氣氛不錯，我和下屬都有講有笑。最多在每月檢討時，我上司會跟我說：「工作還可以，未完全符合我心目中想要的，但我知道需要時間去磨合和學習。」我有些工作要直接和大老闆匯報，間中他會請我和美艷女上司吃晚飯，他談談以

前與王維基交手的生意經。在緊密工作的期間，我的確學習到他看生意的角度，和我面試的預期相符。女上司和大老闆簡直儼如一對work spouse，合作無間，打情罵俏，他們的家人子女都是互相認識的。這樣看來，整個部門關係算是不錯吧？

試用期安然度過，我升了半職，接管了兩個重要的projects。前途一片愉快光明，自覺是上司和大老闆都看得起的人。

剛剛的星期五，快要做到第五個月，晚上七點我還在公司，大老闆叫我留到八點，說有事要跟我談談。公司加班沒有OT錢的，但我沒所謂。到八點大老闆召我去會議室，一關門，劈頭就是大罵，罵了大半個小時，我呆了，就似置身一場噩夢之中，突如其來的180度轉變令我又驚又怒又混亂。

不是剛剛升我職，給我重要的projects，看重我嗎？怎麼忽然責罵？

他由頭到尾數落我的工作表現不濟，資歷比不上其他求職者（我不認同，一來我人工比不上他口中的求職者，二來我實戰經驗充足，絕對比所謂競爭者好，但我當時反應不來，只懂得震驚)。他責怪我來公司有想學習的心態，說出那經典句子：「我請人回來，不是來學習的，而是辦事的。」

他說我上司已不滿了很久，只是沒有表達。我再不爭取表現，就沒有留下去的價值。他怪我做的事太少，應該在女上司手上挖工作來做，又責怪女上司戀棧權力。我啞口無言。哪裡是我的責任？難道我可以搶我上司的工作嗎？難道我身為一個新人下屬，想搶就搶得到嗎？

「如果在短期內看不到你有突飛猛進的表現，這是你第四份工作，對吧？你要想想找第五份了。」他說這句話的凶相我依然歷歷在目。

他九點有另一個重要電話要打，叫我星期一都留到八點，繼續這「會議」，我含糊其辭匆匆敗走，想不到星期一還有甚麼好話可以說。

十點鐘，我就收到他一封電郵，總結了他那一個小時罵我的重點 bullet points。我深深感到被羞辱。第二日我又收到他給我一封電郵，是一位資深求職者的履歷，我知道大老闆想說：「你看看人家比你好得多！人工不比你高很多！」但我是內行人，知道這樣的履歷，大公司出來的

小齒輪，真正落手落腳做事的經驗不會及得上我一半。我很憤怒，同時替自己不值。

我很害怕星期一的到來，怕又要被罵。太多情緒了，我應該怎樣做？

在深淵的Elle

遇上恐怖情人的Elle：

星期一，罵回去吧。拼死無大害，大不了就是炒人，白白挨罵不值得。你要有你的底線，打工是公平交易，羞辱是人工不包的。

你大老闆精甩尾，如果有一定比你好的人（包括經驗、學習能力、人工，「好」是一個綜合分數），他會二話不說把你炒掉。但他沒有，意味著聘請你是最佳選擇，然而他心有不甘，想壓榨你做到更多。

甚麼「請你來打工，不是來學習」是廢話，他可以高薪聘請高手，但他願意付那薪金嗎？人家願意替他這羞辱員工的變態老闆打工嗎？

而且，當然你老闆不會想：「如果我不提供學習機會，你都未必會考慮這工作。」

換個角度看整件事會清楚一點。

有一種渣男是這樣的：他條件很好，很風趣幽默英俊瀟灑，能和他一起你幸運地如沐春風。你跟他開始時還是好好的，一片粉紅色的泡泡，他做甚麼事都依著你，快把你寵壞。

當過了幾個月，你習慣了這些精神鴉片，他突然給你一句：「你要減肥了（或是任何他想控制你的事，例如改變衣著打扮、整容、做你不願做的某些親密行為、服侍他的兄弟或上司、借錢給他、斷絕和朋友來往、接受第三者），我已經不滿了很久！你自己很差勁，你看不出來嗎？你不懂和他人比較嗎？你這種街邊隨意找都找到比你更好的人，居然還不懂得珍惜我，枉我對你好。你配得上出色的我嗎？我要見到你表現出明顯的誠意去改變，否則，嘿，你年紀都不小了，可能要考慮再找個願意娶你的男朋友吧。」

你大為震驚，畢竟他一直表現得很愛你寵你，是個完全無可挑剔的100分男友。你甚至會懷疑：可能真的應該聽他説，可能真的是你的錯，令人失望了。或者努力一下，一切便會回復正常？

你努力地配合他，他總會一邊用你未夠好為理由來貶低你的價值，一邊用分手來嚇你，你當局者迷，以為沒有這個男人，你就一無是處。於是你很憤怒又很努力，就像寵物拼命追著主人吊出來但永遠追不到的蘿蔔。

一開始是太驚嚇適應不到情人翻臉的反差，他殺你一個措手不及。你一半還在習慣他的溫柔陷阱，想重新得到；一半想證明自己的價值──他對你的評價是錯的。到後來就是心有不甘：你已經那麼努力，你．一．定．要．得．到．回．

報！這你便怎樣都走不到出來。他三言兩語就可以操控你的情緒，又驚又怒又怨又憤又羞恥又自我質疑，你會消沉得完全喪失價值，淪為他操控的一隻木偶。

你的大老闆就是個渣男。如果你朋友遇上以上的困局，你會勸她「繼續努力」嗎？再用心一點，那廝會看到你的好，馬上求婚和你白頭偕老？

不會吧。跟這種人縛在一起一輩子，就真的是自毀人生。你會勸她早走早著，一秒都不要留戀，如打仗走難般甚麼都不要，愈快逃離現場愈好，説甚麼報復都是浪費心機。那混蛋不值得花多一秒時間，過去的經歷不值得回頭一秒。

和玩火一樣，玩家其實風趣幽默，很好玩的；如果你道行高深，可以調節心態，到燒傷自己前控制火候片葉不沾身，可以嘻笑怒罵，完全不上心，即管玩玩。但真的，別當他是你的良人了，他不是良配；你不走也行，不要太認真。

雖然我都是會再三勸你走，無謂浪費青春，天涯何處無芳草。

替你很憤怒所以回覆得特別認真的呆總

P.S.

若認為每月出糧給你，便可以任意侮辱你，你想想養育你二三十年的父母，他們都沒有這樣天天罵你、無時無刻給你精神壓力吧？

P.P.S.

你的女上司都不是善男信女。她都有分麻痺你、出賣你，緊緊握住自己的工作和權力。你以為她不知道大老闆想謀她手上的一杯羹嗎？她還都可以虛與委蛇當一個 work spouse，太恐怖了吧？

P.P.P.S.

「誠意」、「忠誠」，是花不起錢又想討便宜的老闆最喜歡用的 buzzword。網絡盛傳馬雲說過類似的話：「人會辭職只有兩個原因，一是錢不夠，二是氣不順。」

錢夠氣順，幾乎沒有人會辭職的。對著花不起錢請人又要求多多的老闆，沒有人會氣順；人就是走定了，怎麼辦？

他們大腦叮一聲，想起以前自己的老闆怎樣唬住自己，便依樣葫蘆造個假象告訴你：我給你三分錢，要的是三分貨，其他要求叫做「你的誠意、你的忠誠」，不需要用錢買的！你斤斤計較就是你對公司沒有歸屬感，養唔熟。你就證明你是個好員工吧！因為我給你三分錢，要求五分貨，你都不走，就是忠心，就是對公司有歸屬感，就是他日可造之材！

這些句子很愚笨吧？更愚笨的是很多人都相信。做牛做馬，仆心仆命，然後到辭職步出公司的那一刻回頭，所有「他日可造之材」都是空言。心裡只有三個字：不值得。

有關上司的私人要求……

呆總您好：

我跟上司還算友好。近日他談起剛開學的兒子，就讀中三，數學科的成績令他很擔憂。他翻過幾位同事的履歷後，見我是港大數學系畢業的，便開口問我肯不肯做補習老師，他願意出時薪$300，每星期補習兩次，每次兩小時。

我對公私不分有點抗拒，又怕受人錢財會有流言蜚語，但當面拒絕又怕得罪他，他重複提了好幾次，我應該怎樣做？

Owen

有些計算的 Owen：

有幾件事你應該考慮：第一是你想不想攀這個關係。愈在職場打滾得久，愈發現「識人好過識字」、「識做人好過識做事」有它們一定的智慧。你可以抗拒，你可能不認同，但這是常態。沒有人會認為你建立了私下的關係就是不清高，更多人是想建立這種私人關係。如果你明白每一間私營公司的成立，都是為了創辦人的私慾：賺錢、成就感、實現理想、炫耀、不想有人指手劃腳等等，你就可能會推而廣之，明白每一個人踏入公司都只是為了私慾：錢財、名聲、前途、安穩、人際關係等等。職場，沒有太多「公私不分」，更多是「私私不分」；如果公司沒有明文寫明不能當副業，那就不存在「公私不分」的問題。我想你是清高的那些，怕流言蜚語。但時薪三百，應該是公價，甚至公價以下，因為你是本科生。你沒有佔人便宜，公平交易。

如果你不想得失他，或是想和他建立友好關係，你應該考慮：第二是你有無信心和能力做得好。自問不懂教人的，自問考試技巧平平，你肯教他的兒子，反而會害了他，又害了這段關係，多做多錯，不做少錯。如果你自問還可以，又想做這交易，打這交道，第三你要考慮的是在人前人後你和上司的關係應該如何自處。你上司是否都是前程似錦，你可以高調站在同一條船上，還是他得罪人多、他日這關係或會變成負累，你們最好還是私交甚篤，但人前低調？

如果你不想替他兒子補習，反而簡單直接，快刀斬亂麻叫他死心，愈快愈好，他都要時間好好找另外的老師，而拒絕的原因不外乎你沒有時間、他居住的地方路途遠、老婆／女朋友會投訴你無時間陪伴她們、你把以前的知識都忘得七七八八，等等。

想把事情做得更亮麗，看看有沒有可靠的（！）師弟師妹還在替人補習，若是不熟的就不要推薦了，你可以託辭說找找，然後找不到，不了了之。

但做人切記要當機立斷。你猶豫不決拖了很久才決定不接這補習，他會恨你浪費他時間；你猶豫不決拖了很久才決定接這補習，他會恨你吊高來賣。正如你猶豫不決拖了很久才決定分手，你女朋友會恨你浪費她的青春和本錢找個更好的人；你猶豫不決拖了很久才決定結婚，你女朋友會暗恨你害她多年面對家人壓力，以及日後有當高齡產婦的風險。

有些算計的呆總

P.S.

如果你嫌時薪不夠，即管提出，例如說笑：「我太貴了，現在替人補習時薪四百的。」願者上鈎。

上司每星期都會捉我去「一對一開會」責罵我辦事太有效率

呆呆的呆總你好：

你遇見過每天叫你做事慢一點，不要太有效率的上司嗎？我還以為這種爛事只會在政府部門發生，居然私營中小企都有這種混日子的人可以生存到。

剛上班第二天，我便被四十餘歲的上司——部門經理——叫入房，苦口婆心勸我做事慢一點，否則會給人很大壓力（這個人便是她）。我已經盡量放慢速度，但始終比她平日快。

其實沒有甚麼大不了的一件事，值得當面提出嗎？下屬做事快，不就替她分憂？但她很不滿，後來更經常在早上給我工作，然後一對一開會佔我時間，聽她說做事不要太快、隔鄰部門欺負我們的廢話，下午就問我要交功課。「你唔係做嘢做得好快㗎咩？」她還一臉沾沾自喜和嘲諷。十分幼稚！大姐，做得再快，都需要時間的。我連工作時間都無，聽她耍廢。

怎樣廢？例如隔鄰部門的阿頭請教她一些事，她不懂，當著人家面前說我會幫他，因為我懂。人家走了後，她轉頭便叫我拖延，下星期才要理會他。人家請教的事是小事，我真的沒有心神去記住何時才要幫忙，而且是她答應去幫人家的，不是我答應的，這好人她做了，若我有甚麼拖延，人家豈不是會找我麻煩嗎？

我剛巧下班時間有空，做了十五分鐘研究就以一個電郵回覆了人家。她知道後大發雷霆，說會令其他部門的人以為我們太空閒，在會議室罵足兩小時。但她真的是空閒，我才是不空閒的那一個。管我下班時間做甚麼，幹麼？

她不是甚麼大奸大惡，我的工作也應付得來，想過辭職又覺得不值，明明我可以無視她一切無謂的言語和小動作，但她真的很煩。每天都很煩，一不如意就發脾氣，半天不理會人，故意大力拉抽屜、砰門、打字劈里啪啦打得比平時大聲十倍，沒有人想惹她，我尤甚。你說我可以怎樣做？

Irene

可以放慢腳步的Irene：

我老了，明白有些公司的確會認為做事快的人會為其他人帶來壓力。你可以學會做得慢，或者做好了便去偷懶上網，遲點再交貨。

最怕哪些公司？最怕又要你做事慢，又不許你上網／玩電話的。誠惶誠恐故意「扮工」，做不了私事，比真正辦事更痛苦。

行文中我看到你有兩個矛盾的特性：你應該是聰明、辦事效率很高，同時入世未深吧？職場中混日子的人比你想像中多。有時你想像不到為甚麼冗員可以一直順風順水，在一間機構逗留十幾二十年。

我以前中學就是這樣，有個教學方式不切實際的老師，在學校任教中文科至少十年，還會教高年級的。她的教學方式如教初中一樣，喜歡叫全班默書，這就胡混地過了一堂，只有學生知道不能指望她能教好自己。學生高質素，不想自己在公開試中陣亡，自然會找補習、練習書和參考書，她的碌碌無為便一直一年又一年地混下去了。直到有一天有同學受不了，去信校長才揭發眾多班級對她的不滿，她還憤憤不平，不知道是自欺欺人，還是她一直心知肚明但死雞撐飯蓋：「我在這學校任教了十幾年，絕對無問題。」那不證明她有教學的實力，只證明她呃飯食的技巧和運氣一流。每一屆的同學也一直相當乖巧──多一事不如少一事。

小事你可以忍一忍，你可以選擇反映一下，但我相信面對這樣幼稚的上司，她只會故意報復（她已經在砰門來報復發洩和把你的時間花光在會議上，幼幼稚稚地來陰你了）。如果到一天忍無可忍，想劈炮時，請考慮一下跟上司的上司談一談，或者事情會有轉機。

很多人說越級投訴是大忌，但戰到最後一兵一卒，當你 have nothing to lose，越級投訴又有甚麼問題？相信上司的上司不是白痴，下屬本質有問題他未必不知道，你或者不是第一個提出來的人，他或者早有處理你阿頭的計畫。

我試過有一次是成功的，GM 把我調到另一個經理的麾下，當然原有的經理會冷嘲熱諷，但總比寄她籬下幸福快樂。

拼死無大害的呆總

被專權的老~~seafood~~師傅針對了，怎辦？

Dear 呆總：

這是我轉行後第一份工作，需要有幾個月的升職培訓，一開始我有些私事要處理，進度不及其他同學，但我後來算是追上了，卻好像惹到一個老年資的導師針對，其他導師都聽他的。

同學都叫我最好和他打好關係，否則他可以連考核都不給我做，直接把我趕走。離考核還有大半個月，我可以怎樣做呢？

挫敗的 Jude

Hey Jude,

Don't get it bad. 對不起忍不住加了這句。（謎之聲：「不好笑！好不好？」）

所有工作問題我近乎一律建議劈炮，這也一樣：怎麼一間公司可以單憑一個老海鮮之言決定人的生死？這是不是一間作風合情合理的公司，值得你苦苦堅持留下？你三思吧。

但要考慮這問題需要時間，辭職是一個選擇，被裁是別無選擇，還是先把工作保住。（謎之聲：「而家係我飛你，唔係你飛我呀！」咳，離題了。）

我假設你是男的。男人和男人之間有一個好處，看看導師的喜好，投其所好。你知道嗎？其實很多人都不抽煙的，但為了和上司或客戶攀好關係，都會抽一兩根 social 煙，在抽煙的片刻幾個人圍著垃圾桶或對著路邊無事可幹，便一起聊天吧。飲酒有時都是異曲同工。這個部門的老大你巴結不了，可以和其他老大談一談。Who knows？天無絕人之路，或者他們是你的後路？

這只是個小技巧，做不來，沒關係。你可以跟導師誠心談一談，你真的很努力，你有甚麼狀況導致你的進度不夠好，他有甚麼不滿的你可以改等等，只要你肯誠心地低聲下氣，你有一半的機會他會放過你。

這時候你可以向同學和師兄師姐求救，他們當中總有好人、有壞人，有些人不願見到你走的，你便向他們討教吧，你又多了兩分機會用更佳的實力證明自己是有能力留下來的。

剩下的三分，只能說謀事在人，成事在天，一個年長導師堅持押下自己的年資去針對一個毫無勢力基礎的人，你是輸定的。這種人有時連上司和大老闆都敬他三分，勿論他是否被自我尊嚴遮蔽了雙眼（「我看這個人不成，他就是不成，他最後成功了豈不是說明我眼光不準嗎？」），他要堅持，擺出一副公正嚴明的導師相，你是半分都奈他不何。如果你盡力了，只能說問心無愧。

越級投訴你便別想了，除非在被辭退的那日，才作最後一次上訴。不過不要寄予厚望，因為……你在公司內算是哪根蔥呢？

我不是說你一定被裁，反而人心肉造，你的勝算不算低，很多私營公司都有偈傾，你有一兩個大佬願意保住你，萬事有商量。加油。

呆總

Hey 呆總：

FYI，我真的被那導師踢走了。如果我是考核不合格，我心甘命抵，但他們連一次公平的考核機會都沒有給我，就是單憑老導師一句「憑我做了三四十年導師，他沒有潛質」把我炒掉。我越級向兩級上司上訴了，都是因為老導師一力堅持而無效——為的是他該死的自大。

我從來沒有那麼憎恨一個人、以及那個制度。如果殺人是合法的，我應該會把他和他的全家殺死。同學說：「我們也想過跟導師/上司談談，但想來都是沒用，就沒做了。」我除了冷笑，就是冷笑。我痛恨這個世界。

Jude

Dear Jude,

我明白你的感受。雖然聽起來不可思議，但我真的明白你的委屈難過和憤憤不平。

我還是希望你不要太灰心，不要太傷心，盡過力就好。這個世界，有時候是不公平的。人生在世有些事是你怎樣努力都沒用的，很多事明明沒有做錯，偏偏天不從人願。比如心愛的人不愛你，比如朋友堅持誤會你，不容你解釋，比如現在……就是被針對。

我相信這不是你人生中第一次徒勞無功，你之前挨得過，現在也會挨得過。每挨一次你就更堅強。即管哭一下，你的確是受了冤屈。到你哭乾眼淚，抹把臉，重新振作，你會是一個更堅強的人。

不要怪你的同學說想跟導師談談，但最後沒有做。至少他們有想過，也有嘗試安慰你。針，不刺到肉是不會痛的。他們其實都盡力了。換著你是他們，有一個同學被針對、被辭退，你願意用前途和冒著得罪那導師的風險為同學爭取多一次機會嗎？

人是自私的。所以你都要學懂自私，也要明白別人的自私是常態。即使你可能會熱血地說：「不會的！我一定會替他們求情！」但你可以理解他們的想法吧。不要太怨恨。

這不是為了他們，而是為了你自己──為了你的心好過一點，輕身上路，莫要背負太多。命途的波譎不是智力可以想像的，福禍相依，去未必是禍，留未必是福，你想想就知道，幾個月的光景你可以對公司有多深的感情呢？在這樣的一家官僚的公司留下來會是好事嗎？這些不幫你的同事，你日夜相對會快樂嗎？

這間公司只是世上的一粒微塵，不值一哂，不值得因此憎恨全世界。憑著你心中的那股冤鬱和惡氣，出去硬闖吧，你會有一番成就。

總有一天你會成為別人的老大，別人口中「資深的前輩」，稚氣的 seafood 熬成老得長繭。到時候，請依稀記住今天的委屈。

有些人會想：「終於輪到我可以當一言堂了，當日誰還我公平呢？」但有些人可以選擇超越自己的過去，不去成為自己最討厭的人，選擇變得溫柔而強大，因為痛過才知道痛是怎樣，因為嘗過不公才會更渴求平等。

天大地大，世界的一切可能性正慢慢為你展開。

我願為你祝禱。

呆

上司搶我功勞，把我顯得白拉人工

Hi 呆總：

我近日工作得很頹唐。我坐在大老闆的正前方，中間隔著一塊透明膠板而已。我老闆坐在大老闆的右邊，可以從後直接看到我的電腦。可想而知，我每天都在兩位老闆的眼皮下生活，想偷懶都難。

近日老闆叫我做一份計畫書，我做完了，她拿來做簡報，把整個計畫說成是我們部門共同合作研究出來，由她全力主導的，我只是……根本不存在。明明我花了很多時間，她把功勞攬下來，其實也沒有問題，更大問題的是她把我的重要工作日程據為己有後，並沒有為我填補空洞，只剩下大老闆以為我甚麼事都沒有做：「你乜都無嘢做，日日返工都唔知你做過啲乜？」

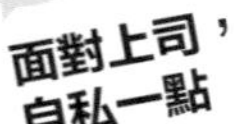

我真的是百辭莫辯呀！難道我當著我老闆的面跟大老闆說：「那份報告整份都是我做的！她說謊！」

Elise

Dear Elise,

你這樣說並沒有問題，尷尬的不會是你，是你老闆。當然如果你老闆是大老闆的得力助手，大老闆離不開你老闆，便自然也是拿你來開刀。難道你指望大老闆會炒掉老闆？

你下次有千百種方法去證明這計畫書／工作項目一直是你做的，包括在匯報進度時把副本都傳一份給大老闆，在計畫書的完稿寫上自己的名字，以 pdf 形式儲存。你可以把報告某部分寫得不清不楚，到別人簡報完，Q&A 的環節時你自薦去補充說明，有意無意強調這是你的報告，所以你才最清楚。

但這些手段如果太明顯，有些大老闆會很討厭你，認為你才是在公司興風作浪的人。世情是沒有太多人想知道個來

龍去脈，過得表面，自己生活安好就是。一麻煩，大家就討厭，你和我都會這樣。你把紙捅穿了，遮羞布沒有了，大老闆們都不會願意接受自己管不到手下一片失控，所以情願如鴕鳥一樣把危機視若無睹，繼而遷怒。

為甚麼我這樣說？你明明就是坐在大老闆的正前方，他就算不知道你在做甚麼，都沒有可能不知道你沒有偷懶，只要肯動一動腦筋都會知道那句責備是不必要的。

所以我想：你不如暫時做好自己的本分，在報告上寫好自己的名字，其他閒言閒語你當沒聽過。就算你名義上完全沒有貢獻，月尾準時出糧就是──又不是你的親生兒子被人家搶了，反正你在辦公時間做出甚麼報告到最終都是收歸公司所有的，忍受不到的話就另覓高就吧。不是跟老闆認輸，而是沒有必要替這種上司和老闆打工。這涉及上級以上的鬥爭問題，你無法解決。

有時有糧出就足夠的呆總

你上司的過人之處
可能是比你早生二十年

呆總你好：

我身在香港，為海外公司獵頭。近日公司得到一個job，要補充幾個海外會計職位的空缺，大老闆想得到足夠的海外人士履歷，我頂頭上司叫我在LinkedIn聯絡合適的人，在LinkedIn message內請他們給我電話號碼，以便我打電話cold call取其履歷。這方法我做了一會，認為有點白痴，因為至少有一半人不會無端白事回覆陌生人索取他們電話號碼的訊息。

我在LinkedIn改為留言給他們，説明我有這樣的工作，要求和待遇若干，希望他們可以電郵我他們的履歷。很多人見工作合適，乾脆直接便申請了。這樣來回，我成績是全組人之冠——無論是CV的數量，和合適人選的數量。

然而我上司多次責怪我總是玩電腦，他認為 cold call 一定要拿起電話去打，才算是辦事；即使我解釋了我用電腦只是收發電郵。

我是否應該適應他們的蠢方法，或者另覓高就？

Tim

心知肚明的 Tim：

我認為你很清楚自己的情況，寫給我不是為了解決問題，而是為了呻怨氣。

是的，很多上司都很白痴的。那句「你上司一定有過人之處才做到你上司」is complete bullshit，完全他媽的狗屁不通。時也命也，你上司的過人之處可能是比你早生二十年，那時遍地文盲，識字已可以被當神來膜拜，容易愚民（你看看高官就知）。到 80 年代香港才強制推行九年免費教育，民智大開、知識普及，就很容易看到潮退後你上司在裸泳。

但你別理，站在早你出生廿年的先天優勢上，他建立的人脈、他可以和上一輩人溝通的模式、他的地位和權力，你是比不上的。你不是比他差，你只是生不逢時。

那一輩不是沒有強人，強人有很多，但濫竽充數的都不少。你認為濫竽充數的人會乖乖承認他們呃飯食嗎？再愚蠢的人都有求生慾望，怕了你挑戰他固有的模式。他要麼跪拜你（他是上司又何必？），要麼就用手上權力打壓你。

正如你說：你可以順從，你可以反抗，你可以離開。選擇反抗的話你即管看看前幾篇越級投訴的問題吧。但我想如果你大老闆重用你上司，你身為小薯人微言輕，還是離開這專制和低科技的大門吧，以你大腦的轉數，外面世界海闊天空。

祝前程似錦。

Boss 死 Boss 還在，下個更可愛的呆總

P.S.

泥古的上司不可怕，更可怕的是泥古的上司居然年輕。別太訝異，大有人在，不是每個人都活在現代。

逢人只說三分話，工作不是交朋友

呆總您好：

下班時間是我的私人時間，對吧？有次放工和上司一同乘搭地鐵，地鐵上有廣告，我指一指輕鬆找話題的說：「我也報了那個武術興趣班，一星期一次。」不料上司反臉：「你這樣不就是太多興趣，未能專注於事業！」

我訝異又尷尬，忙說我單身沒有家庭，不似她，比有家室的人多出少少私人時間吧，她才似是氣消。但其實我愈想愈氣：憑甚麼要管我公餘時間做甚麼，憑甚麼要我為自己的興趣辯護，好像做錯事一樣？

Steven

令人唉一聲的 Steven：

你沒錯。

但難得你上司誠實地反映她內心的想法，你可以想一想：她是不是一早對你有這個「未能專注於事業」的印象，現在只是找證據去印證。我不知道你們相處如何，我會提醒你加強留意和小心：她未必很滿意你。

私人時間當然是你選擇怎樣過，便怎樣過。她的私人時間都拿來陪伴家人，難道她會為了公司把孩子和丈夫處理掉、棄屍堆填區嗎？但不少沒有家室的人，都會被誤以為他們必須日日夜夜為公司賣命，否則就是不知長進。有家室的人沒法子，家庭責任大，不能加班，假日要陪家人，沒法子呀～

這個思維，你一是公然反抗，一是認命，一是不作聲默默自己過好日子。第三種是最容易的。難保你公然反抗時，有人對你逍遙的日子眼紅，造謠並招來妒忌。那又何必呢？

人在職場，本來就只說八分話，面對或者對你有偏見的上司，說三分吧。私事免了。香港人閒聊的話題最多是：餐廳與食物、貓狗、旅行。你沒有孩子，有的可以談談不貼身的湊仔經，例如報考學校。不過現在連新聞都不說也罷，各人對時事的看法有時壁壘分明，「勿通匪類」。除非大家心知肚明彼此立場相似得很，否則談起新聞時可能會不舒服。

明白去工作不是去認識朋友，交得到是你超級幸運，交不到是正常的。再談得來的同事，到你有朝一日辭職，你就是不少「好同事」和公司眼中的壞人叛徒，人走便會茶涼。別太在意吧。

公私分明的呆總

My Teacher, My Boss, My Hero

呆總你好：

我畢業後一直和老師保持聯絡，關係良好。我失業了一段時間，慢慢找工作，都不算是焦急的，她建議我到學校當兼職助理。我有點猶豫，怕關係由亦師亦友變成上司下屬會變質，不知你怎樣看？

Allen

令我感同身受的 Allen：

替熟人——尤其是前輩——打工，有好有不好。（「阿媽是女人」級數的廢話。）

熟人介紹的工作通常比較穩定，你是有人支持的，在職場比較容易適應和生存，別人想欺負你前不看僧面都看佛面，因為你的老師的關係而對你忍讓三分。你和老師的溝通和交情可以好好發揮，至少省掉了一段互相摸索的時間。

不好之處可能會是同事懼怕你是老師的線眼，或者你的工作待遇優厚會令人眼紅。還有，你和老師的關係是一·定·會·變·的。每一個上司都對下屬有要求，這和她是老師、你是學生時的要求很不同。那時，她的要求只要你做好自己，成績高低對她影響不大；現在她會要求你做到她想要的事——「好」不夠的，是要「做到」。

是以你若沒有這個「關係會變」的心理準備的話，你會突然發現老師比以前變得嚴厲。其實不是的，只是人對不同的人有不同的面貌。最壞的情況是在公事上她身為上司不滿你，同時在私事上以長輩和老師的身份不滿你（例如在辦公時間質問你：「為何只做兼職，難道你這麼沒大志、沒有理想嗎？」用上司身份帶來的權力去責怪你的私事）。

我猜，吃得鹹魚抵得渴，你要衡量兼職的薪金值不值得。若是下一份工你沒有把握會何時到來，便好好把握是次機會吧，至少你老師是想你好的。

尊師重道的呆總，遇到長輩做老闆前會三思三思

溫心老闆愛上我

親愛的呆總：

糟糕了！我剛剛畢業找不到工作，便先到家裡附近的補習社當英文補習老師，可能性格比較開朗，很容易笑的那種，小朋友大朋友都很喜歡我，連補習社老闆都開始言語間變得有點曖昧，多次約我吃晚飯。他對我很好，沒有威逼利誘我，但我對他沒有太大興趣（年齡差距太大了，我才二十出頭，他已經四十多，雖然是單身、樣子正常，只是……就是不會考慮），我應該怎樣做呢？

心急人 Emily 上

青春無敵的 Emily：

應該有人會笑你：「恭喜你，年紀輕輕就有機會做老闆娘，一世無憂。」現在聽來可能不是味兒，但日後你回頭，可能會微笑：「年少時也有人喜歡過，但你選擇了聽從自己的心，沒有為了利益答應他。很好喔。」

工作場合的戀愛機會，有人會説：「喺嗰度食唔好喺嗰度屙，搵食行遠啲」，不吃窩邊草，我卻認為人生有三分之一時間在職場度過，會遇上戀愛機會不足為奇，無論會不會走在一起，小心處理就是。

日復一日對著小孩子的老闆，遇到青春活力的成年女子，會被吸引都是人之常情。既然你説了沒有興趣，就是沒有興趣，拒絕可能有點難度——我假設你想留住自己的工作。(不想的話就簡單得多：大不了就是辭職走人。喜歡的話都是很簡單：你會直接和他走在一起，連問都不會問，男未婚女未嫁，他還是老闆，怕甚麼流言蜚語？你只需要小心他不會把你變成免費勞工便是。)

人是這樣的：愈快斷了心思，就會愈少怨恨。如果一個人全心全意地喜歡你十年八載，你一直支吾以對，難免生怨。你要明示暗示表達拒絕的意思，可能是在閒聊時説起「男朋友」這號人物（即使你可能沒有），或者説起你喜歡的人的類型（比如同學、年輕的韓國／台灣明星），打趣説最喜歡的人的特徵是他沒有的。或者說你沒有心思喜歡人，現階段不想拍拖，沒有喜歡的人（沒有喜歡他）；不喜歡工作關係太混亂之類。人到中年，你的意思他會收到的。要是收不到，都是他自己不想知道，那就是他的問題。

你老闆沒有用自己的權力去給你壓力，都算是個好人。我見過有些上司求愛不遂，運用權力分發最差的豬頭骨工作給下屬，也故意地對其他同事特別好，把拒絕他的下屬孤立，不是人人都買賣不成仁義在。而你都要有心理準備，現在老闆對你的好，可能有部分包含了喜愛的寵溺，若是你把事挑明了，那部分就可能會消失。這樣都是人之常情。你也不要太失落，雖然失落都是人之常情。（你年輕呀，也別把這失落誤會成自己喜歡他。）

有些下屬很厲害的，可以把上司玩得團團轉，我會勸你不要——即使你日後可能會遇見這種人，即使你可能會見到他們求仁得仁，撈個風生水起。情債這東西，有時候是要還的，因愛成恨，在職場上可能引來嚴重的後果。

請小心處理吧，一如誰都不想自己傾慕另一個人的心意被踐踏。

拒絕的態度要堅定，手法可以是溫柔的。

粉紅泡泡中的呆總

我的騙徒老闆

呆總你好：

我發現我上了賊船。我老闆代理產品，會嚴重誇大其辭，例如淘寶貨換個牌子便說成擁有獨家專利的香港研發產品；成分有添加化學物的，卻為了銷量而謊稱「純天然」。他談回來的生意合作項目，五份中有三份他從來沒有打算實行，收了錢卻一直推託。我應該怎樣做？報警？辭職？

Sabrina

Hi Sabrina,

你可以試試匿名向海關舉報，東家不會知道的，但成效應該不大。因為我曾試過——誇大其辭很難告得成，法律罅是一條很大的鴻溝。

以前某東家在食用測試中把（後來證實）有添加化學物的正常殺菌劑讓白老鼠服下五分鐘內沒有死去，就說成可以入口，成分天然，能解決「因細菌、真菌、病毒所引致的各種亞健康問題」。（殺菌劑如何殺病毒？）我馬上辭職。其間海關時有調查，最後都不了了之。

是不是海關辦事不力？不是的。字眼的問題海關查到上門，商家往往可以取巧避開，例如說明產品治療疾病會有法律問題，但寫症狀就沒有問題。例句：

✖ 這產品可治療濕疹。
✔ 這產品對抗皮膚問題，可直接噴在濕疹皮膚。
✔ 功效：濕疹止癢

他們說可以噴在「濕疹皮膚」，但沒有說可以治療濕疹；說可以止濕疹的癢，卻沒有說可以治療濕疹。海關對他們也無可奈何，同時消費者會以為他們在說可以醫治濕疹。

寫錯別字亦沒有問題，例句：

✖ 直接噴於任何日用品、空氣、手足口病……等其他患處。

✔ 直接噴於任何日用品、空氣、手足口部真菌……等其他患處。

你以為他們打錯字，用字不好？不。他們是故意的，至少消費者看一眼會認為產品能治到手足口病。

他們對顧客不誠實，會不會對員工格外真誠？你自己想想。

至於老闆私吞了合作項目的錢又不辦事，若我是你，我反而不會報警，卻會不斷向老闆提出疑問，最好有白紙黑字的紀錄，並且不要在客戶面前替老闆圓謊、說謊——否則你可能要為這些謊言負上責任。

如果你不是事主，更不是騙徒，亦不是有分騙人的人，你是不會知道事情到最後客戶和你老闆的共識；你見到的是老闆拖延走數，難保客戶改變了主意，又或者客戶可以接受你們工作效率奇低。（當然如果真的有騙案發生在眼前，例如你明知老闆挪用客戶名義借錢、老闆打算遠走高飛，你真的告發他才能自保。）

你可以把現況直接告訴他的客人，但你要預計客人會拿你的說話和你的老闆對質──你幫了他們，他們不是你的親人，九成九會出賣你，你在老闆面前不會有好日子過。不如簡單一點：早走早著。

反正你老闆這種人，遲早會惹禍／官非上身，輕則如過街老鼠，重則橫屍街頭。你跟著他是沒有前途的。

合掌祝福的呆總

製片老闆有外遇，他老婆對我這個員工還不錯，該不該告訴她？

呆總你好：

我是一間影片製作室的小小助理，平常工作室主要替中小企拍宣傳片。我發現女人是種很奇怪的生物：無論老闆有多窮、有多醜、有多油膩，即使工作室只有一個攝影師、一個剪片，和我一個助理，都有女人向老闆投懷送抱，想得到不同的機會。

我接手的是一個廚具用品的宣傳片拍攝工作，客戶的項目經理不停找老闆送秋波，老闆都不避嫌搭她的肩膀，間中見到他們在「談正事」，兩腳卻是互勾的。老闆娘間中會上來探班，對同事還算不錯，你說我應不應該把這些事告訴老闆娘？

Cal

正義的 Cal：

閒事莫理。除非你認為揭發老闆婚外情比你的工作重要，這份工你也情願不要。

你以為老闆娘不知道她嫁了怎樣的一個人嗎？女人的直覺很強的。世事有時很像 TVB 的劇集：女人的親戚朋友在必要時出奇地特別多。就算女人沒有直覺，誰都會知道一個製片室的老闆會經常接觸到二三四五線的女星和誘惑。你沒有捉姦在床，甚麼指控都是捕風捉影，你只是告訴老闆娘一些她已知的事。

如果她一早相信有內情，她會拿你的説話與丈夫對質，你還想幹下去嗎？

如果她相信自己的丈夫，她會憎恨你挑撥離間，你還想幹下去嗎？

只有一點可以絕對肯定：若你對老闆娘説了這些話，就是對出糧給你的人不忠心。

好心並不一定會有好報，沒有人會喜歡跟她説壞消息的人，即使那壞消息她知道了會對她較有利。站於你的利益角

度，我勸你隻眼開隻眼閉，別人問起你，你答不知道就是。不要答「你知道，但你選擇不作聲」，死多兩錢重。

你或者會問：公義呢？

那我會問你：你職責包括處理人脈關係嗎？你是他們的婚姻輔導員嗎？老闆娘有問你意見嗎？

你的職責是有關攝影安排的，就做好自己的工作。要不要替那對狗男女隱瞞？不必。要不要大肆宣揚？亦不必。誰知道他們兩夫妻是不是有共識各有各玩？你知道他們的婚姻是為甚麼而結合嗎？你以為一定是純愛嗎？老闆的感情事不在你職責以內，除非你收了老闆娘的錢去監視她的老公。

看過很多闊太知道丈夫有婚外情後
仍然選擇裝作無知並別無選擇亦無求生技能
只得痛苦忍受情願甚麼都不知情的呆總

P.S.

但如果這婚外情影響公眾利益，請你告發吧。你不是要向出糧的人負責，而是盡一點社會責任。

勞工處不是尋求公義的地方

呆總：

我憤憤不平。我是個白領傭人，替一間總部在馬來西亞的香港手套公司工作。馬拉人真的不懂規矩，忽然計算我們香港的假期，覺得很不值，便把香港員工白領放的銀行假改為藍領的勞工假，說公司涉及物流，有藍領性質，逼我們簽紙認同。

我沒有簽。我不是計較那幾天假期，我更在意是：香港不是可以這樣打橫行的。

在新制下，復活節我就忽然變得要上班——因為復活節不是勞工假，只是銀行假。雖然我可以回去公司白坐罷工抗議，但這也算是妥協了，我索性不上班，因為我沒有答應。入職簽約時，明明復活節就是我的假期，我也沒有同意去改合約。

馬來西亞老闆便強行說我告了假，更用我的年假去扣除，但我反對。下星期老闆就飛來香港處理這件事，我有心理準備劈炮唔撈，但我可以怎樣做來爭取最多，或令他們損失最多？告上勞工處？

Priscilla

親愛的 Priscilla：

我喜歡你夠乾脆。垃圾公司不留也罷，棄不足惜。恕我有偏見，兩地風俗不同。我遇過三個馬來西亞老闆：兩個拿督、一個去過新加坡再來到香港的（好像有點美國背景），都不是好東西。他們愈有錢愈麻煩，反而馬來西亞同事、朋友都性情溫和、敦厚善良，可能是有善良的順民才有當順民是奴隸的奴隸主吧。

勞工處是個偏向替僱主解決紛爭的部門，不是尋求公義的地方。

為甚麼説是偏向僱主？因為就算你老闆打橫行，他們説要改合約，你不依，那就終止合約，賠你一個月代通知金或是給你一個月通知，然後你就要打包走人。僱主背棄承諾是沒有懲罰的，但員工就要頂著一份斷了工作年份的履歷表四處找工作。若是年尾，可能一個月內都找不到工作。若是工作年分斷得太難看的話（例如工作了七八個月就終止合約），未來幾年求職時都會被某些偏執的人事部刁難，甚至一見履歷就拒之門外。

就你的情況，我想，如果真的劈炮，至少不要跟他們協議説雙方同意你提早離職，怎樣都要保住那一個月代通知金或月薪——要麼他們無理解僱你，要麼他們給你一個月通知解僱你，你便可以把工作進度拖到龜速，白拿一個月人工。

你公司是做手套的，即是老闆是馬來西亞的橡膠業土皇帝：富有、習慣別人膜拜、沒有高深教育、基本人權及法治概念，這種人EQ通常很低，他們會經常口不擇言。即管拿手提電話去跟他們開會，錄個音，放上網會挺有趣。你可以試試用言語刺激他們語無倫次，他們應該會衝口而出，賠錢也要叫你立即走。

不需要相信甚麼「山水有相逢，好來好去」、怕了他們而不敢作聲，除非你只能找同一行業的工種。你會發現山水很大，不會相逢，無謂受氣。不需要怕收不到推薦信，你只需要人事部給你工作時期的證明；如果連這封信都沒有，不用怕，有強積金那封信都可以證明你的工作經驗。

而即使勞工處不偏向你，你拿多了一個月人工後，選擇告上去，馬來西亞要派人來來回回跟勞工處的人員打交道，也可以增加他們的損失，去解解你的氣。如果你有心情和時間這樣玩的話，go ahead！

祝另覓高就。

不排除有好的馬來西亞老闆但總遇不到的呆總

老闆是男人，無能同事是男人，我是女人就要被排擠？

呆總你好：

我比新同事Calvin早幾個月上班，職級一樣，職責不同。不是我討厭他，而是他真的很廢。他的建議過時至少十年；共同要做project的話，他總會不做，把所有事都推給我，我往往要努力反抗推回給他。偏偏他和老闆Ken兩個中年男人喜歡講鹹濕笑話、講家庭講足球，老闆非常願意聽取Calvin的意見，我感到身為女人被排擠。

前幾天Calvin做事有錯漏，我好心替他補回，順便通知老闆，其他同事還跟我說：「老闆認為你妒忌Calvin來打小報告。」真的好心著雷劈！

難道我是女人就是原罪？

Stella

Stella：

你的控訴總有一些男人會反駁：當女人打工有很多特權。先無視他們，他們眼裡貌美的女人才是女人，但同時也吃盡這些女人的豆腐。他們見不到普遍女人在職場的辛酸、女人上不到公司的玻璃天花（glass ceiling）和重男輕女的觀念依然存在，僱主對聘請已婚但未懷孕的女員工的顧慮，還有多個人力資源報告顯示同一職級女性薪酬比男性低的問題等等；這些男人是小男人，他們並不代表所有男人，無謂為他們浪費腦細胞和注意力，而且這不是我們今次探討的問題。

我知我勸你走，你一定會心有不甘：「為何我沒有做錯，我卻要認輸？」但離開真的對你來說是好事，留下來只有不公和活受罪。

有些事我想你要接受的：

一、公司的成立是為了滿足老闆，包括金錢、威名、成就感、使命感等等，最重要是他高興。

二、「喜歡」這東西沒有法則，人夾人緣。

既然公司的成立是為了老闆高興，Ken 喜歡有人擦鞋，喜歡有人陪他説鹹濕笑話，這就是他的取向，不一定以員工辦事能力為依歸，他有重用 Calvin 的自由。

別把事情全怪在「男人偏幫男人」上。有男人偏幫男人，有男人偏幫女人，有女人偏幫男人，有女人偏幫女人。這個分野甚至可以延伸到不同國籍的同事關係，例如我試過在一間新加坡公司的香港分支公司中，菲律賓來的助理和印度籍上司以重口音英文談得來，ABC 香港人一口純正英文則一頭霧水被無視。世界人夾人緣，友好都是一場緣分。

你很難強求老闆喜歡你，所以就有見工這一環：你揀人、人揀你，揀一個互相喜愛的。這裡你和老闆，不及 Calvin 和他夾，沒緣法。接受現實，又或者下次去找與你更合得來的老闆。

或者你真的不想走。工作明明上了軌道，人工明明不錯，犯不著為一個同事而敗走離開——這點我都認同的。哪裡都可以有壞人廢人，難保你剛加入另一間公司好端端的，又來一個 Kelvin、Kevin、Cavin，破壞你和上司固有的好關係，難道你又要不斷辭職嗎？如果你神經夠大條、以堅強的心去漠視不公，只顧做好自己分內事，不做多（反正有功 Calvin 領），不做少（你對得起自己的人工），河水不犯井水，那我恭喜你：你到哪裡去工作（包括留下）都一樣好，無人可以傷害到你。

視工作和男孩子一樣「下個更可愛」的鐵石呆總

我老闆覺得凡事
揿個掣就得，好易啫

呆總您好：

我老闆都算是個開明的人，只是有一點總令我不大舒服，他總愛吩咐我一些工作後加一句：「這個都不是太難吧。」「這個 task 很快會做完吧？」

有些事情做下去才知道陷阱挺多的，有些根本不夠資料去做，需要時間去挖資料，但好像給他說了這一句，我做得慢一點，便是沒有效率了。

事情不是他去做，並沒有他想像中簡單！

Kelly

小 Kelly：

你給我的感覺很年輕，還會介意別人一兩句説話。

我認為這可能是「面對下屬」的問題，因為這不是你的問題。或者你老闆是高登／連登仔：「由 IFC 跳下來行得走得無難度」，甚麼都是「無難度」。

説真的，我總會提醒自己千萬不要跟下屬説他們的事是易做的——即使我做過，事情總會有變，可能變得困難了，身在其中才知道箇中利害，我可以做的事是跟下屬分享經驗、給予方向令工作更易完成。

同樣地我都跟自己説千萬不要跟下屬説他們提議的事情是一定不成的，因為時地人事都瞬息萬變，以我過往經驗不成的事，可能放在他身上變得成功——I never know。但我可以做的是提出我由經驗所得的疑問，看他們有沒有考慮過。

但或者有些上司不自覺地把自己的一套説出來——他們真的覺得事情易辦。如果你覺得不易，不妨問清楚他們的做法會是如何，為甚麼會是易事？

有些上司説下屬的工作是易事，只是口頭禪，根本沒有多想，你不妨指出中間的難度，提出大概需時的範圍。(即

使已展開了工作，在工作期間都可以和上司溝通：「時間真的不夠，這樣那樣有難度。之前不知道的。」）如果你說得合理，通常都沒有問題的。又或者他說了「很易」但其實自己都沒有印象，他沒有怪責你效率低，你都無謂太上心。

如果你都覺得事情不難，但是沒有上司說的那麼容易，那就……當作沒聽見吧。或是下次半說笑說：「我可沒有你那麼聰明啊～」

你跟著開明的老闆，也算有點幸運，不少人跟著明明自己錯得很，仍然覺得自己很有道理的老闆：凡事都說你的事很容易，彷彿你來是為了白拉人工，他做甚麼事彷彿都比你做得更好——只是他不做而已，完全無視了自己根本不想做、沒做過而紙上談兵，跟他講道理就不聽，然後說你不善與人溝通。

如果有一天，你真的遇到這情況，為了生活，可以選擇照聽他不誤，有錯照做——他想死你不許他去死嗎？又或者真的是另覓高就好了，天涯何處無芳草。

大事化小、小事化無的呆總

一碟叉燒飯賣 $30，一碟油雞飯賣 $30，為甚麼叉油雞飯需要 $32？

呆總您好：

我是當行政部助理的，在一間新開設的小公司工作。頂頭上司已是老闆，説實在平日工作説多不多，説少不少，替公司從頭訂立制度、訂購水糧文具、處理影印機的租約、接待訪客、安排不同設備、整理會議紀錄和文書紀錄以外，老闆説給我多點工作機會，叫我做半個人力資源助理，處理出糧及強積金、聘請新員工、籌辦公司活動等等。説是機會難得，我亦被他説動。

最近會計部有些單，老闆見我有空閒時間，説我可以學習發收據給客戶，他間中又叫我幫CS回覆客人；偶爾我還會替老闆訂機票、酒店，到機場迎接老闆娘。

我曾去過其他公司，見到我的同行坐在門口的座位，自己在看電視劇。怎麼差別那麼大，人家可以公然偷懶？我應該轉公司嗎？我心理不平衡了。

Angela

轉一萬間公司都無用的萬能 Angela：

我有個問題：你有加人工嗎？

不是說你有空閒時間，你就需要做崗位以外的工作。正如我見到銷售部經理有空，叫他去洗馬桶，合理嗎？

你有沒有想過一碟叉燒飯賣 $30，一碟油雞飯賣 $30，同一個飯盒的容量，餸的分量沒有增加，為甚麼叉油雞飯需要 $32？

因為多了選擇。所以你愈多職務（前提要你願意，否則我會叫你去陪睡），愈要多一點令你感到滿意的薪酬，即使上班時間不變。至少你應該提出，開天殺價，看老闆落地還甚麼錢。即使人工一毫子都沒有加，他也需要知道自己佔了便宜。

清楚自己崗位和職責的呆總

帥哥花心，醜男也花心，當然選帥哥

呆總你好：

我上司是個姿色平平的中年女人，說來自信，我打扮起來算是挺漂亮的，但不打扮的話卻是個「小毒女」。公司男同事多，現實一點，如果打扮得漂亮，公司士氣會好一點，遇事上來容易開口問人。但我上司總會嘲諷我：「打扮得花枝招展，來上班還是相親？」自問不是袒胸露背、濃妝艷抹。還是我應該低調一點？

Rachel

天生麗質不應自棄的Rachel：

有沒有聽過一句話？股壇專家兼小説家周顯説過：「帥哥是花心的，不帥的也花心，當然是找個帥的。」你漂亮會遭受刁難；你不漂亮做事不夠迅速順暢，都會受刁難，你看到自己醜醜的也會不開心；反正都會受刁難，倒不如自己漂漂亮亮，盡力開開心心過日子。

公司是看業績的，上司都要看你的成績。本來她就不喜歡你，不見得你肯低頭做人，她便會忽然喜歡你。你想折衷的話，可以晚上有約時打扮一番，亦方便向上司暗示你不能加班，平時隨便就好。但我會真的勸你不用怕。樣子和才智一樣，都是你的無形資產，若你不會故意賣蠢的話，便不必故意賣醜。這是甚麼年代了？要上演肥皂劇「跌了眼鏡下來原來是美女」的戲碼嗎？工作佔你人生三分之一時間，你想三分之一的人生都屈就自己嗎？

人的青春和美麗有限，到你年老時莫要後悔沒有在可以盛放時展現就好。

生如夏花絢爛的呆總

上班第一天，有點懞了……

呆總您好：

我找了兩個月，剛剛找到一份新工作。我算有點要求，我想升職加人工，原本助理經理級，月薪兩萬五千元；新工作是經理級，月薪三萬元。我是值得的，因為經驗比要求多，應付這份工作綽綽有餘。

星期一剛上班第一天，人事部才給我合約：職銜助理經理，月薪兩萬七千元，試用期間需要返星期六，過了試用期才有長短週；不能遲到，遲到會按月薪比例扣錢，還有在短週時要上班補回遲到的鐘數。

我呆立當場，跟他們說當初約定並不是這樣，又降級又減人工又要返星期六，但人事部說老闆不在公司，到星期五才回來。

我想了想：至少月薪比之前的工作高，過了試用期人事部說會調整薪金。我應該怎樣做？

Alex

Dear Alex,

還需要問嗎？你被騙了，還要替人家賣命嗎？快走！（騎驢找馬也是可以的，但絕對不能久留。）

黑人問號的呆總

P.S.

把星期六的工作時數計進去，你根本是減人工了。「會調整薪金」，沒有寫下來，對吧？跟當日你的騙徒老闆說會請你當月薪三萬的經理的套路是不是很相似呢？

連續開會九小時……

呆總您好：

我不是想問問題，我只是想跟你說：我找到一份位於紅磡的珠寶保險兼物流公司的marketing工作。很可怕。正式上班第一天，那年老但自以為心境很年輕的老闆說：「Everything is marketing」，所以叫我參與所有會議，我連續開了九小時的會，連午飯時間都有工人把飯煮好、魚蒸好，大家繼續開會，連物流、打雜、秘書都似關我事，我聽了就算。

第二天上班，他劈頭第一句問我：「昨日物流談及的麻包袋用的麻繩事宜怎樣了？」

關我鬼事？？？？？？？？？？？？

已劈炮但驚魂未定的Margaret

Hi Margaret,

世界真細小。我認識一個做保安的拳館師叔，應該是見過你這個老闆：見工時阿伯要求做保安的要每天陪他跑山晨運，說了半天都不打算聘請我師叔，想人家自發地認為陪他這個大老闆跑山真是三生有幸、袋錢入袋。

你走到，我恭喜你。

替你抹一額汗的呆總

被委以重任就是老闆看重我嗎？

呆總您好：

我工作了一年半了，老闆總是說我「很重要」，「公司沒有我就糟糕」，事無大小都找我去做，連一些私事都信任我去處理。我是不是很被看重呢？算是親信，對吧？

他沒有提出過升職加人工，我想我是不是應該爭取一下？

Stephy

Dear Stephy,

一個男人跟你說你是全世界最重要的，最信任的人就是你，然後叫你去照顧他的媽媽、處理稅單、交電費電話費，必要時替他送飯等等。你真的是他的最愛嗎？

別犯傻了。你是最好的「工具人」或秘書而已。如果他是愛你的話，他會付出，他會照顧你的一切。你別被你自己的付出感動了自己。

你不是被看重，甜言蜜語是最便宜的嘉許方法，在感情上或者還可以，畢竟拍拖是求開心，但工作求實利，口惠而實不至是沒有意思。委以重任可以是被看重的第一步，「俾個機會你」，但真正被看重的話，辦完事你老闆會給你更好的待遇來嘉許你、留住你，他會付出的。

你即管去為自己爭取更多。

愛一個人會付出的呆總

呆總筆記

成世流流長，總會遇上幾個人渣上司。有些上司不是故意為之，只是根本沒有多想。換位思維很重要，有時不必假設你的老闆是壞人（或好人），遇事不妥時提出，想爭取自己（and/or 部門）利益時堅持，這樣有些老闆的「人渣特質」就不會被慣出來。

成世流流長，總有一日你會媳婦熬成婆，成為他人的上司。人渣與否，我想，除了你要記住當日的冤屈，己所不欲勿施於人外，亦要明白原來不少自以為沒有問題的慣常舉動，做了便很容易變成下屬眼中的怪獸上司。真心強調：換位思維很重要。

重點

- 老闆開公司都有自己的目的，你的作用是成全他們的目的，來換取你的薪金福利和實現你的目的。
- 人工不包括被侮辱。
- 你是絕對可以為了學習才去某間公司打工的，你的薪酬已反映你的價值。
- 請離開情緒勒索你的恐怖老闆（及情人）。
- 打工打到會質疑自我價值和人生，每天早上醒來害怕上班，是這份工作並不適合你的警號。
- 「識人好過識字」是真的。
- 打好關係都是一種付出。
- 你的上司並不一定比你成熟、能幹、公正、大量、有常識，他們可能是不正常的。
- 你上司可能會陷害你，你只做好自己的本分就夠了。
- 愈少和老闆談論自己的私事愈好。
- 愈少理老闆的私事愈好。
- 沒有太多工作值得你犯法。
- 難得糊塗，不合理的說話和要求，左耳入右耳出。
- 辭工之前，可以考慮越級投訴。

3

面對同事，自私一點

不少人相信：「同事之間是沒有『朋友』存在的。」Maybe yes, maybe no. 我其中一個最好的朋友是接手我辭職後工作的新同事。但的確「同事即是朋友」這期望，還是看輕一點比較好，否則期望過高太 off-guard 不設防，到你自由落體時會發現沒有人伸手把你扶著，後尾枕落地只會痛得像夢醒時分。

更多人的心態（包括你自己）都是逢場作戲，人走便茶涼，轉職後你會有新同事，與舊公司的同事沒有昔日的友好關係和必要的戰火同袍情誼，更直白來說：就是再沒有共同話題。

既然大家同事的「友誼」和關係只建基於同一個職場環境這浮沙上，而浮沙上更是~~各懷鬼胎~~不同人有不同的工作目的，那麼想要在這辦公室遊戲玩得更開心的話，當然要付出一點真心，就好像甜食裡要放一點鹽來吊味，但一點就夠，太多的話只會把甜食變鹹，變味了。

所以還是那一句：「在職場上，與同事相處，還是先顧著自己。」反正你的同事都只是抱著同一預期，也不會為你赴湯蹈火。

Don't get me wrong，萍水相逢的泛泛之交都有存在的必要，正如人長大會發現酒肉朋友和知心知己在不同場合上可能同樣地重要。有時友誼嘻嘻哈哈就好，不必把它放進洪爐裡考驗，一如情人的關係是用來維繫不是用來測試的，職場尤甚。

自己的正義
需要自己去伸張

呆總你好：

新來的女同事太討厭了！她比我會說話，我比她會做事，容易的事她第一時間挑去做，還包裝總結得好像我們分工很公平一樣！共同的報告她搶著當自己功勞，遇到不懂的事就來問我。上頭說要做的事，她聽都沒聽好就說「好好好」，轉個頭又來問我，做錯了都來問我。有些事明明上司吩咐她說要轉告我，她過了兩天才說忘了要傳達：「不好意思，明天老闆就要！」偏偏她人前人後常常跟人打招呼、套近，不少同事都以為她是個好人！

我很生氣！日久見人心是假的！

憤怒的Annie

不夠憤怒的 Annie：

如果你更憤怒，你會反抗，但你沒有。

等同你男朋友不為意拍拖一百天紀念日，你暗暗生悶氣，你男朋友是沒有可能知道你為甚麼生氣，而且不開心的只有自己。人大了，沒有人有太多餘力去理會其他人真心背後的苦衷和不可言喻的渴望；想要的東西要自己説明，不要有 tiara syndrome[3]。

別人令你不高興，你把悶氣困在自己身上，雙重懲罰自己。記住呀，別人令你不高興，你令她不高興就是。人家沒有顧及你的感受，為甚麼要顧及別人感受？

旁人都是一知半解的，正如你對旁人的理解都是一知半解。就算是你以為很友好的其他同事，到你遇事時（例如被大老闆責難、被炒），多數都會置身事外，最多事後口頭安慰你；那又有何用？看開一點吧，自己的正義需要自己去伸張。

那個女的把易事挑來做，你不妨把那工作的容易程度説穿，然後把難的分一半給她，像所羅門王式的「你認為我們

3 Tiara syndrome 是指女人低頭默默做事，做足 100 分，希望即使默不作聲，有一日都會有人賞識，尤如加冕一樣把升職加薪和讚賞給予自己。這幻想往往不會發生。

的分工很公平？交換吧！」；或者上次她做了容易的，半說笑說下一次輪到你來做「好差事」。計較？對呀。哪有員工不計較？不計較就去做義工吧。你可以順從，但不可以容易被欺負，因為欺善怕惡是世間法則。別一邊順從、心底一邊責罵，皺紋都多兩條，微整容不便宜。

有事她不懂？不教。有事她聽不明白？你都沒有聽得明白，你只記住自己的事。共同報告搶功勞？還是自己說自己那部分好了，自己親口說比較清楚。明明是你的事，她搶了來報告？到你報告時你重申，那個女說的那一部分是你做的，這裡那裡說得可能不夠清楚，需要補述。

至於她有意無意不把上司要的事告訴你，你便有意無意把這事告訴上司——上司都是想把事弄妥，她不說，你做不到了，上司就會背黑鍋，上司不會冒這個險。你沒有害人，你的功勞歸你是天經地義的，你不受冤屈也是天經地義的。

如果你在未能保護自己時，告訴自己事事不必計清，不代表你是個好人，你只是在給自己一個懦弱的藉口，你只是個挨打的沙包。到你有絕對的優勢，沒有人可以欺負你的時候，你告訴別人：「事事不必計清。」你才是個真正寬大的好人。

惹不過的呆總

有女人和你爭男朋友，說自己痛苦得想自殺，你會全力安慰她嗎？

呆總你好：

我部門有個很無賴的同事，總是把自己說得很愚笨，怎樣都不明白手上工作怎樣做，有時我教了很多遍，他仍然不懂，到最後我發現他的工作我已做了大半，又不見得他的人工分大半給我！

自覺很蝕底的 Queenie

太太太心軟的 Queenie：

你是那種 finish last[4] 的「好女人」：有女人跟你爭男朋友，然後約你去訴苦，說自己痛苦得想自殺，你還要全力安慰她。

「生命誠可貴」，對吧？

Bullshit！你應該叫她直接去死。

你「愚笨」的同事想搶你的時間、精力、功勞、心血，你再不滿、再不樂意，都一而再再而三地縱容他，我想，這裡最愚笨的是你吧？

他如果真的那麼愚笨，隨他丟飯碗吧！物競天擇，適者生存。

曾經也太心軟的呆總

4　英文俚語「Nice guys finish last」：指好人通常輸到七彩，真是執輸行頭慘過敗家。

「識做人好過識做事」很不公平？

Dear 呆總：

我公司的升職制度需要考核、面試和評審的。最近有晉升機會三個，同事可以內部報名，上司鼓勵我們都參與。這次甄選大概有十人參加，我知道有幾個同事和上司比較稔熟，其中一兩個和我比較友好，他們拍膊頭請我替他們升職考核的報告修改英文和文法再呈上，我看完都知道他們實力不如我。

一場大龍鳳後，升職輪不到我，結果就是能力比較差的他們升職了，連第三個位置我都沒有分。其中一個升職的朋友替我抱不平：「那第三人甚麼問題都答不上，連英文都說不好。」

好無奈。要是黑箱作業，為甚麼要假裝公正，要人白花時間心機去陪跑？

遭受不公的 Darren

未被社會磨平稜角的Darren：

其實當你第一秒知道有晉升機會時，都知道會有不公的，對吧？你無意改變它的不公，亦很清楚不公制度的運作，只是希望這場不公的晉升表演中，可以在手指罅漏一個空位給你，誰知連手指罅都是緊閉的。你別太驚訝吧，是你想太多了、幻想得太美好了。迎合不公，失望是必然，不失望才是奇蹟。

總會有人跟你説：「接受現實吧！懂做人比懂做事強，『識人好過識字』。」現實上，這樣的情況屢見不鮮。不公有時有存在的意義。

説真的，如果你是個茶餐廳老闆，你會挑心腹／親人去做收銀員，還是挑一個聰明絕頂、能力強的人？我想你都會選擇前者吧？

如果你是你的上司，在挑人上位之時，都會同時考慮信任度、工作風格合不合得來，還有工作能力吧？每人對用人的取向都不同，崗位性質不一，熟人很多時會加分。別人都有花時間和心機打好關係，不能説是完全不公平——投其所好是需要付出努力。

　　但別氣餒，因為這個優勢不能轉移。今日同事A和上司B關係良好，他日上司B跳槽，A的優勢便會消失；唯一不變的是你的能力，萬般帶不走，唯有業隨身。在大家都和新上司沒有交情的情況下，只要你有實力，你都比拉關係的人更穩妥，因為你靠的是自己。

　　現在你留下的路只有兩條：不接受，然後另覓高就，你有能力的話天涯何處無芳草？或是，接受然後開始花時間和同事、上司們打好關係；你有能力加上人緣，升職指日可待。

請你繼續加油的呆總

P.S.

這和情場一樣：單身的A小姐雖說任人追求，但明明心儀B先生，不把其他人放心上，你只怕努力亦沒回響。做好一個萬人迷，財貌品味風度樣樣兼備，你的選擇自然多到由蘭桂坊排到去蘇豪東。

掌管隨時萬箭穿心的中間位置

呆總你好：

我剛剛升職，卻很擔心，因為我的上司無時無刻想我死。要是我愈無能愈失敗，她的位置就愈顯得無可撼動。但我不想離開，我想至少做好自己的本分。

最近我上司指派其中一個新項目給我主導，是個成立新公司平台的計畫，幾乎涉及公司所有部門，包括銷售、市場推廣、IT、管理層等，要「管理」的人除了不是自己部門，有些更比我高級，每個星期要開會一次，想請教我如何可以做得好？

Stephanie

求生慾望很強烈的Stephanie：

我明白你的感受。情況就像你惡毒的奶奶叫新嫁入門的你安排家族團年飯──一個二個男家親戚你都不熟悉，你丈夫忙著上班，丈夫的弟婦在指手劃腳，與奶奶連成一線，隱隱地你感受到奶奶在簾後指望你弄得一團糟：希望你忘了請三伯和四姑婆，買不夠餸菜，不提醒你五叔公擺架子需要三番四次邀請和按例遲到五小時。你愈忙亂就愈顯得她一向持家有道和賢惠了。

說遠了。

這個project management的位置我都坐過，本來不是太稀奇，不少大型IT或marketing公司都有這位置，只是如果你公司從來都沒有這些類似的項目，你第一個開天闢地可能會成為眾矢之的──可能有不少人不想花太多時間在一項和自己業績無關的事上。只能說：你把自己的事情做好吧，比你高階的人未必不會做事，因為在開會時，GM、CEO們都在列上，沒有人會想在管理層面前面目無光。你是管理project的人，狐假虎威就好。

你要做的是：根據每人的習性，在開會前和事後跟主管們先打好眼色。每一次開會前電郵給所有人，預告各部門需要報告甚麼，開會完結後總結過往一星期大家做了甚麼，還有開會時大家承諾了甚麼，周而復始。最好有一個進度表，每次開會就當著大家（和管理層）的面前，把每個部門已做或未做的事都標示好，要延後目標日子便延後，至少大家有個預算。管理層對個別部門不滿，自然會出聲。在一星期中可以再一次約略提示大家這個星期需要做的事（否則到下星期開會時，大家尷尬），畢竟跨部門的東西，可能各部門有事忙會忘記。

這些事，全部 cc 副本給你上司和想知道的管理層。如果其中一個部門長期拖延進度，不妨和他們多點溝通，再跟管理層溝通溝通。你做足了功課，明眼人會知道，沒有人可以陷害你。（除非不止你上司，其他管理層的人都想用你來祭旗，那就早走早著吧，但至少別人也會看在眼內。）

祝福你戰勝巫婆的呆總

P.S.

戴頭盔：總有些奶奶很好人，婆媳關係很好的。上述例子只是打個比喻。

與同事分手後每日返工面阻阻

呆總你好：

我……跟同公司不同部門的男同事拍拖，全公司都不知道的，是地下情。他說要跟前女友復合，我們就分手了。但分手後我竟然天天看到他和我同部門、分屬我好姐妹的女同事打情罵俏，心裡很難受。

我跟自己說：「其實都只是在一起兩個月而已，不必那麼傷心。」只是每天都見到他，勾起他承諾過又沒有兌現的一切，勾起我的痛苦。我看著他那麼高興，我走不出來，總是在想他究竟有沒有愛過我。我想我真的不能克服失戀的傷痛。

呆總，你說我是不是太蠢了？人們都說不要和同事談戀愛，別吃窩邊草，我不聽，然後自食惡果。

如果我想辭職，豈不是在感情損失上再賠上經濟損失，一錯再錯，比愚笨更愚笨了？

想活得比他好的Kate

Dear Kate,

囡呀～我不會說你蠢的。人是有感情的動物，日久生情都是人之常情。就像所有物質放在同一隻燒杯入面加熱，有些物質會有化學反應，有些不會。不必為你們兩個相遇／相撞後會有火花產生而抱歉，不必太苛責自己。

我明白那種難受，尤其是每天看到衰公和其他女人卿卿我我，真的難以抽離。人生在世，求的只是一口氣，也無謂太折磨自己。可以的話把自己調離可以見到他的崗位，不妨跟上司談談，理由可以包裝一下；或者放一個長假去外遊散心也好。（你自己想想會不會一直工作才能令你忘記失戀，反而更好過？每人的取向都不同。）失戀其實是場大病，只是世人只會正視身體上的疾病，心的病就無視了。

退一萬步，若是你真的想辭職，我認為都不為過。與其天天受罪，不如早早解脫。當然最好是找到工作／出遊的目標才離開吧，但如果沒有目標，仍然想離開，你便尊重自己的心意吧，畢竟現在最傷痛的是你的心。

我會勸你要打點好日後的生活，否則男朋友沒有了、錢沒了、工作沒了，這種 n 無生活不是人人受得了。不過，好消息是單身的人洗費往往比蜜運中的人少得多了。

至於「活得比他好」，我會勸你放棄這個念頭吧。你整天都以比較「他」的生活作指標，是不會活得好的。放下這個願望，忘記這個人，你將會活得很好。

動地驚天愛戀過的呆總

P.S.

若是真的辭職，不妨把你前男友的地下情告訴你公司內的所謂好姐妹。我為人小心眼，你「好姐妹」未必不知道你們的事，你前男友未必是為了他的前度離開你。嘿。不妨也明示暗示給其他女同事，誰叫他活得那麼高興？（你不高興，雖未做到和他一樣高興，都可以令他過得和你一樣不高興呀！）

別人喜歡吃糞，不代表你都要喜歡

呆總您好：

我剛畢業一年，正在一間物流公司工作，同事大多是中年阿叔姨姨，整間公司營運了二十幾年，年輕人卻只有四五個，包括我。

他們是挺友善的，但可能生活和工作太枯燥，這些已婚中年男女的話題只有兩個：跑山和性交。

真的。每天都在開黃腔，每小時都在開黃腔，黃腔見縫插針。我入職了不夠半個月，已在他們的對話中很清楚不同國家嫖妓的細節。例如其中一個同事是已婚男士，曾「分享」跟妻子和女兒去首爾時，如何要開她們去哪兒嫖妓四十五分鐘，速去速回。

我不想再說下去。我覺得這半個月我急速地變得猥瑣。不是說自己高尚，也不是說大學生怎樣清高，但人生總有其他事值得聊吧？有時想：我這個金融系畢業的人，試用期拿著月薪一萬三千八百元，每天只有聽著跑山和性交，真的覺得很折墮。

我阿頭不知道我的想法，但有次指著另一位年輕女同事對我說：「你算在我們公司學歷高，但她更高，英國華威大學一級榮譽畢業，早你一年人職，崗位和你一樣，快要升職。」

我應該以她為榜樣嗎？既然她都挨得到，我也挨得到？

Edmond

純情小 Edmond：

如果你年過三四十，我大概會無視你──活得那麼久，應該已經學會把聽到的都充耳不聞。但你還很年輕，所以我才會勸你三思。(平機會在按門鈴抓我了。)

同事開黃腔蔚然成風、樂此不疲，你一人之力是改變不了。你出聲只會顯得格格不入，亦被視為破壞氣氛（誰想成為別人眼中的猥瑣佬？即使他們行為的確如此）。就算有一日你升了職，同事都依然是這些人，老臣子的黃腔是戒不掉的。

一份工作的待遇，除了薪金、花紅、假期、公司車、宿舍等等這些用錢衡量到的回報外，也包括了同事和環境、快樂、安穩、支持、公司文化、前景等等。正如人的質素都有很多層面，除了金錢、權力、地位，有些是見識、想法、為人夠不夠積極樂觀等等。

我看你要想想個人追求甚麼：是希望日子安安穩穩，還是始終對長期的個人質素有追求。如果是後者，這個改變不到的環境可以塞耳筒，或以離開來物理隔絕他們。月薪一萬三千八百元不算多，現在大學生平均起薪點一萬六千幾，除非你很留戀這工作，否則似乎隨時都會找到比這薪酬更高的工作。

你主管説有年輕同事比你學歷更高也肯捱下去，我想：無謂和人比較吧？人家喜歡吃糞，與你個人的口味有何關係？正如如果你斷了一隻腿，見到別人斷了雙腿，自身的痛苦仍不會減少。

那些叫你應該感到慶幸至少還有一腿、慷他人之慨的人，你可以考慮直接斬一斬他們，然後叫他們看看失去四肢的人：「感到很慶幸吧？」

微笑得有點血腥的呆總

同事是老闆的臥底

呆總你好：

我很喜歡台灣人的，他們性格純樸善良，但自從我來到現職公司後，我對台灣人的好感卻一掃而空。

這個台灣人妻同事長得很似舒淇（我是很喜歡舒淇的！），她是當會計的，但每天都拿著電話跟通常不在公司的老闆娘打小報告，真的是每分每秒都機不離手地打字。

我和幾個同事留意過很多次，只是我們每次靠近她時，她都會立刻狼狽地把電話收起，向我們報以假笑。然後公司很快就會出現一些限制我們日常自由的指令，例如：我們幾個同事有空在pantry閒聊兩句，老闆娘就會很快在WhatsApp群組叫我們不要只顧聊天，除了食飯時間和去洗手間，請不要常常離開座位。

我們不喜歡她，一起吃午飯也不會叫她一起去，回來可能是遲了幾分鐘，老闆娘便會警告我們吃飯時間只有一小時。

我們可以怎樣做，才能把她弄死呢？

Candice

p.s. 請不要叫我辭職。我才不會為了這個醜版舒淇辭職。

Hi Candice,

你以為是《宮心計》嗎？想弄死一個人就能弄死一個人？再說，她是皇后身邊得寵的當紅大宮女，是非當人情，可能連皇后娘娘都不想放棄這棋子，你有可能弄死她嗎？

現在是不可以的，但你可以等，等她的本業出錯──我相信是非當人情的人，實力都是一般般的。如果她會計這工作做不好，相信皇后娘娘對她的喜愛會減少，你們這班女官妃子們才有虛位可以在皇后或皇上面前削弱台妹的影響力，參她一本。皇上會是一個好的切入點：畢竟只有皇后娘娘賞識和依靠台妹，不代表皇上和皇后的意見 100% 一致。

台妹有她可恨之處，但你不覺得你和同事間因為有共同敵人，才會變得比其他公司更同仇敵愾、更團結嗎？有時生活需要有這樣的一個奸角稻草人，可以一起瘋狂毆打之，才顯得有意義。

至於辭職一事，如果你有更好的聘書，我還是會請你考慮一下。你不是因為台妹而辭職，而是因為你皇后娘娘喜愛聽信讒言，以此為樂。自古讒臣和聽信讒臣的君主，都會陷害忠良。如果沒有主子的首肯，奸臣哪會當道？你就是那個會被陷害的忠良，你的將來是可以預見的，還不早走早著？

用鏤花鑲紅寶石指甲套撥弄頭上點翠流金釵的呆娘娘

P.S.

《白馬嘯西風》說：漢人有做強盜的壞人，也有好人；哈薩克人有好人也有壞人；不要因為一個人種而對個別的人掉以輕心，也不必因為一個壞人而怪罪一個民族，可以多作觀察。

同事無生意
怪我部門做得不夠好

Hi 呆總：

我是IT公司的IT部門engineer，有時很氣憤，老闆好像總是看重sales的同事，如果他們沒有開單，總會怪我們IT部門做得不好。真的不公平！

Charlie

世事總是不公平的Charlie：

這不是説笑的，也不是嘲笑你，而是：世情真的總是不公平。為甚麼我出生時老父不是億萬富豪？為甚麼有人比其他人聰明貌美？

但在不公平中我們可以為自己爭取到最好的。

不少愚昧的老闆真的認為sales才是公司最重要的一環，因為他們直接為公司帶來收入，聰明的老闆會把這待遇差別淡化（或者至少不公開這待遇差別），明白公司是一環扣一環的：IT做不到、做得不好，sales難開單；marketing沒有宣傳，sales又難開單；沒有人事部穩定公司各部門，預計不到多久才會做到賣得成的服務或貨物，sales不會敢開單；沒有admin令大家做事順暢、沒有會計把帳目計好、沒有CS應付麻煩客人，sales的日子都不會好過。你的老闆不夠聰明。你可以慢慢物色更好的公司。

但在此舉之前，不妨看開一點：sales通常是會看眉頭眼額、做人處事圓滑的，相信他們卸鑊給你們都是因為走投無路。到他日你們做不到一些事時，不妨把鑊卸給他們：「Sales亂開單呀」，禮尚往來，大家扯貓尾，日子就這樣過，不用太認真。Relax！求財不是求氣！莫生氣！

習慣圍威喂的呆總

同事指指點點我辦事方式和外形妝扮

Dear 呆總：

總有同事口沒遮攔，指指點點我辦事方式和外形妝扮。新來的一個阿叔男同事，總是忽然單單打打：「怎麼你今天的妝化得那麼白？」「今天著得那麼似阿婆。」干卿何事呀？！

Vivien

Hi Vivien,

總有這種人，你無論如何避都避不開。如果他跟你來個心直口快，不妨同樣對待他：「關你屁事？」「你品味差不懂欣賞。」

正所謂「老太太吃柿子，專挑軟的捏」，人是欺善怕惡的多，你表明不喜歡，也表明會令他不痛快，「你要戰，便作戰」[5]，他會捨難取易轉移牙痕打趣的對象。或者他未必會改過，但至少你氣順。

不當軟柿的呆總

5 1218年成吉思汗攻陷金國和遼國後，和精於商道的當時強國花剌子模國，建立商貿關係。成吉思汗派出500位穆斯林的商隊，花剌子模守將是皇親國戚，貪財自大，把全部穆斯林商人殺害，只有一人逃脫，貨物全被沒收。成吉思汗再派遣三位使者前往責問，為首的被殺，兩位從官被割鬚侮辱逐回，花剌子模國表明：情願開戰都不願交出該名守將。

於是成吉思汗親征報仇，派人送去花剌子模國王的戰書，就是這句：「你要戰，便作戰」。

誰替你拿主意，你叫他吃狗糞

呆總你好：

我在大學當研究助理，我的教授老闆有兩個。我同事是我讀書時的朋友，他的老闆並不是我老闆。

他可能見我比較空閒，有一天跟我說：「不如你也替我老闆辦事吧？跟著她，從她身上可以學到很多！」他多次游說，聽他說自己老闆有多好，我便答允了。

然後地獄的門就打開了。

那個女人不只是脾氣差、心地差，需要的研究工作完全不給方向和指導，甚麼都要自己摸索，問多兩句猶如行乞一樣。我就去罵我的同學：「你說過跟著她，會學到很多的！」

他跟我說：「對呀，甚麼都不教你，你便可以自己去自學了！是不是獲益良多？」

真的想飆髒話！

純粹想吐槽。完！（達哥的語氣）

Brian

Hi Brian,

我懂你。你同學不是人，是狗養的無恥人渣，唔熟唔食，專拿熟人來開刀。

以後誰替你拿主意，替你事先決定一切，例如：

「這個老闆你跟著他可以學到很多。」
「你會認為他是好老闆。」
「你這工作很容易做而已。」
「這些事太難你不會懂。」
「這人工已比市價高出一點點──你會滿意的。」

「這種男人／女人如果願意和你交往，你一定是三生有幸，千萬不要再挑剔。」

「這個年紀是時候成家立室，生一兩個孩子安穩下來才是成熟的男人。」

你叫他們通通去吃狗糞吧。你的人生你作主。你看事物的好壞由你來決定。

達明一派劉以達達哥般眼神死的呆總

我的偽 ABC 港女同事

呆總你好：

我不喜歡我的同事。平時的交談都是言不由衷、故作大驚小怪。

此姝香港人，講不純正帶英文口音的廣東話，感覺很 ABC (American-born Chinese)。認識久了我才知道她根本就是土生土長的，英文中學（不是最頂尖的、也不是國際學校，根本不會令她忘記廣東話怎樣說），香港大學畢業。我問她怎麼會連母語都變了？她一臉無知，然後說可能是因為有美國男朋友吧。

我問她拍拖多久了？她說：「一年。」

我無語了。

更無語的是後來我發現她的「美國」男朋友是中國人，平時跟他説話是説英文和普通話……

很假、很虛偽、很嘔心。你懂嗎？

Vanessa

多買止吐劑的 Vanessa：

Oh. My. 奸！以前都認識一個類似的女孩子，you know what? She's like having 一口流利的蘭桂坊廣東話。我問她何故，她說：「Well，可能是因為八歲前在美國生活，you know 口音這東西，一輩子都改不了。」然後故事背景幾乎跟你一模一樣：又是 local school，又是港大，雙親都是香港人。

我信她才是智障吧？她比八歲大了二十年，二十年都改不到口音？

But then, anywayS, 不影響你的工作就好；噁心的人，遠離就好。不認真的話，其實用抽離的角度看她們落力演出，娛樂性挺高的。敬業樂業，可歌可泣。

但既然這些妹子苦心經營自己的形象，不惜改變自己固有的習性，那種要飛上枝頭的決心遇神殺神、遇佛殺佛；你就別在人振翅高飛時擋路，以免招來殺身之禍。

忽然撥頭髮撥個九一分界的穿小背心呆總，XOXO

P.S.

聽見這些女孩形容自己「I'm so boring」instead of「so bored」，我每每目瞪口呆，心想她們真的太誠實了。

呆總筆記

這一章我寫了很多「世界是不公平的」，可能不少人看到不舒服。我們的教育不是教我們要公平嗎？理想中的社會不是要公平嗎？

對呀。但你看看現實又怎樣呢？公平嗎？

好像怎樣説都不對，對吧？世道不能説是不公平，畢竟天道酬勤。但世道也不算是公平：努力的人也會很坎坷，freeriders都可以如魚得水。

我是這樣看的：我所指的「不公平」是應該短暫的。長期的不公平是不合理的，就似業績穩定的公司，股價不會長期低於其價值；如果長期不公，就是你願意並選擇讓這不公平持續下去。有時候，公平要自己爭取。

其中一本愛書*Give and Take*説過，世上分三種人：Givers（給予者）、Takers（索取者）、和Matchers（互利者）。社會中最出色和最差勁的人都是同一類人：給予者。為甚麼呢？他們的差別在哪？

不斷被予取予求的給予者只會連自己的事都做得不夠好，太花時間被剝削，然後被榨乾，淪為社會上最低成就的人。但最

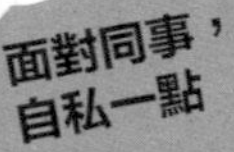

出色的給予者他們會先付出，明白對方是一個索取者只會不斷索取的話，就會把門關上，間中（但不多）給予索取者改過自新的機會。由於世上最多的人是互利者，人對他們好，他們會對人好，反之亦然，所以給予者會受大多數人推崇，人脈廣、成就高。

所以宏觀來說世界是公平的，一時的不公不代表天道不公，但你要小心選擇和演繹。

重點

- 你有必要捍衛自己，讓自己得到公平對待；你退一分別人便會踩一分——誰叫你退？
- 不要同情對你差的人。不要幫損害你利益的人。
- 「識做人好過識做事」，但「識人」是指望他人，「識做事」是指望自己。前者他人的際遇離合你控制不到，後者至少你不會離開你自己。
- 同事間的敵我關係有時是用來扯貓尾的，不必認真。
- 做好自己本分。
- 不要為難自己。
- 不必強行認同別人。
- 好好為自己打算。

4

面對下屬，自私一點

「You don't have to be a good boss, you just have to be a fair boss.」當我還是一個小小的副經理時，隔鄰部門的junior和我閒聊時說了這一句。這一句到我離職後都一直記住。

真的，下屬從來沒有要求上司是一個好人、好朋友、良師益友、偉大的領袖，他們想要的只是上司公平就好：對下屬的工作要求，對得住發放的薪金就可（難道你只給那一萬幾千大洋月薪，便要求員工是萬能的Tony Stark嗎？）；同事之間少點偏私（每人都有偏好，但不要太明顯）；獎罰分明（而不是獎懶罰勤，也不是幾人的辛勞credit給整隊懶人）。

很多與下屬相處的問題，例如有些上司太想做好人，也太怕當壞人，都是因為對這個「當一個公平的Boss」的目標失焦了。

和下屬太好朋友

呆總您好：

我是一間科技公司的合夥人之一，初創階段有幾個員工和我們打江山，到現在我們由六七人公司變成今日接近二十人的公司。公司算是穩定了，謀求發展，方向自然有變，對同事的期望亦有所不同，但我們幾個合夥人都發現很難推動老臣子改變。他們除了會有微言之外，更多是口裡說要跟新的做法，實際上身體就循用慣例。我們管理層開口也是很尷尬的，畢竟他們除了是下屬，也是我們昔日的戰友，有些本來更是朋友。

長此下去，他們會阻礙到公司的發展。但把他們辭退未免太無情了吧？

Eric

Hi Eric,

小規模的公司，人情味是重要的。否則人家為何不去大公司找工作？你把老臣子（才那幾年）辭退，會令其他同事心寒。

我想你需要了解老臣子在同事心目中是毒瘤般的存在，還是關係良好，是大家的好朋友。若是後者，你動了老臣子，大家會敢怒不敢言。

雖然我剛說人情味重要，但太友好的話，員工便很容易沒大沒小，所以你對著新同事時，請保持親和但不要到攬頭攬頸的老友地步，否則你面對公事總有話在心裡口難開，指揮不了。如果你有個別同事特別談得來，也請記住：「友好，但不非常老友。」因為有一天他另覓高就，關係依然可以保持現狀比登天更難。平常心就好。員工都未必需要一個好老闆，只要一個合理的老闆就是。

正因為老臣子們連你穿開襠褲的狼狽模樣都見過，有三分看在昔日情誼（又或者有些人是父輩的舊部，前朝遺留的問題），你抽身不了，所以聘請一個陌生的專業人士來空降吧。新人事新作風，由他／她「全權」管理公司變革一事，

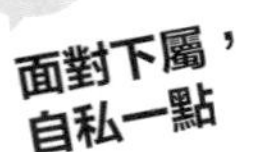

老臣子的恃熟賣熟在新上司面前不會奏效，任他們向你們打小報告都充耳不聞，請他們有事就跟新主管說。

但謹記提醒那位請來當醜人的新人都不要和同事非常友好，這個好人你們合夥人自己當就好了。

心狠手辣的呆總

我的下屬對我很有好感

呆總你好：

我來信不是想曬命，確實真的有點苦惱。我身邊有個拍拖四年的女友，打算下年求婚，我認定她是我的妻子。

沒想過部門新來了一個下屬，她很努力，我很欣賞她。最近經常加班，相處時間多了，可能有種戰友的錯覺，或者大家都是同行，我總覺得她很了解我，替我分憂。她的性格都好好，非常積極樂觀，也長得很可愛。當我想是不是我想多了的時候，她暗示喜歡我。我應該怎樣處理？

Jonathan

p.s. 公司沒有明文說明不准同事拍拖，但是也沒有這個先例。

Hi Jonathan,

首先我認為你要分辨清楚你對下屬只是一時迷惑，還是真的動了心。這一點沒有人幫到你，你都需要時間去了解。如果你真的動了心，下文可以讀下去：

我都不知道你想怎樣處理，我想最後決定的是你自己的內心吧。我嘗試猜度你的內心，可能不中的。

你沒有即時和女友分手，迎來下屬，你不是最喜歡下屬。

你沒有即時回絕下屬，你不是最喜歡女友。

你最喜歡的是你自己——自己在想：「可以得到最大的快樂和利益嗎？」最好的情況大概是：同時擁有她們，她們不吃醋，你得到下屬的幫忙、女友日常的關懷，還有同事不講你壞話，不影響你前途。你有本事亦想這樣做的話，即管兩邊都瞞下去。

那我必須提醒你：我們的年代比以前守舊。如果你這封信早三十年投寄問蔡瀾[6]，他應該會答你：「男人只要處理得

6　1995 年開始蔡瀾先生有一系列叢書《給年輕人的信》，非常開放開明，沒有現在的人那種扭扭擰擰，例如他認為男歡女愛就似打一場網球，最重要是做足安全措施，愛滋病是很麻煩的。

宜，幾個女朋友不是問題。」女星們都可以隨意在電視面前承認自己做過別人的第三者，而沒有被浸豬籠或雪藏。

但現在是沒有可能的。你打下屬的主意，總會有人猜度你利用自己的職位以權謀私，如果下屬答應了你，她會被人視作攀關係。單單只有這一環的話，都會有不少人隻眼開隻眼閉。但「你有穩定女朋友」一事應該是一早已公開的，無論你立即分手或是參加「男友共享」計畫，或多或少影響同事以及你上司眼中對你的形象，宜低調處理。如真的和下屬發展關係，不公開為妙。

你要衡量一下：你有能力去保持一段感情長期處於地下偷偷摸摸嗎？你下屬心儀的你是明星嗎？足以令她忍受地下情？

女人最大的特性是為感情她們可以容忍一切，但當委屈達至極限，她們便會不理後果，情願水浸金山、毀滅一切都要替自己伸冤。你可以承受同一個辦公室內的地下情人失控所帶來的危險和聲譽上的損害嗎？你和她分手的話，她把你的情慾短訊公諸於世，你在公司還有顏面嗎？

這個纏人的小妖精，注定和你在這公司的前途相沖。當然，你可以不要她，你也可以轉工，要麼她轉工。

至於你的大婆，我想，你們之間可以仔細談一談，或者你想一想你們中間欠缺了甚麼；還有你個人最想要甚麼卻偏偏缺了，讓可愛小下屬有機可乘，一個不小心跌進你心房？是多年的相處磨蝕了愛意？是你需要別人的欣賞和崇拜？還是你需要新鮮感？（後者就糟糕了，可愛小下屬早晚會令你生厭，然後你不斷重複尋找新鮮感。或者今日戰勝了誘惑，但你都會終此一生對新鮮感的慾求不滿，不會因結婚而停止。）

人無完人。傢俬壞了有時只需要修修補補；關係壞了，有時也需要修修補補。如果你認為你和女朋友的關係真的沒問題，你只是想要多一個女人，做人最重要是公平，不妨坦誠和女朋友説清楚，或者她對 open relationship，各有各玩，有空結識其他男人表示歡迎呢？

關係會修補，修補不到盡早放生的呆總

我的脫韁下屬

呆總你好：

我部門有個設計師，其實是我管的，但他以為不受我管。有甚麼事，他會直接問總經理GM，我初到貴境，完全不懂如何和他相處。

我跟GM反映過後，GM多次公開向設計師表示如有任何問題，即管直接與我報告。我不知道他是故意和我作對，還是設計師真的有藝術家脾氣，請他改點東西，只可一次，最多兩次，第三次便發脾氣了，曾試過當場拍枱走人。

其他同事都說這設計師的脾氣是這樣的，忍一忍吧，他也有心情好的時候。我應該怎樣做呢？

被打敗的Dawn

可憐的 Dawn：

初到貴境，怕炒人嗎？怕被 GM 發現你「管不到下屬」把事壓下來嗎？不用怕。上班拍枱這些事，大家有目共睹的。

情況猶如武則天之少女時代，李世民讓她馴馬，她只求第一鐵鞭，第二鐵錘，如果鐵鞭鐵錘打都不服，便要第三匕首殺之。因為再好的馬不聽自己話都是無用處的。這和職場一樣：不聽自己話的員工，再天才也好，都是無用處的，你最壞打算是炒人。既然連最壞打算都沒甚麼好怕，現在你有任意選擇如何處理他的空間。

你的設計師特性是可以改兩次設計，你可以盡量把改動一次過整合，指示清楚地告訴他。你心中有任何構思，你可以給他一個大概的草圖，在第一次吩咐他時仔細交代，這樣大家便無須浪費時間。你可以告訴他甚麼是你管到的，甚麼是你管不了的（例如 GM 最後不滿）。遇到連你都不清楚 GM 批不批的設計，不妨在下達指令時請設計師一次過設計兩三款變化，減少全部發回重作的可能。

不過你的設計師相當幼稚，受人錢財便應做好本分，你可以一邊將其他公司設計師的慣常慘況（例如改了二十次，把商標放到醜陋地巨大）形容給他，讓他明白自己身在福中；如果他再發脾氣下去，你不高興便會把他炒掉，在苦海浮沉吧。另一方面你可以了解他工作的難處和每個工序大概的需時，預留多一點時間給他，deadline 是大家達成共識的；你亦可以為他謀利，例如：加人工，爭取更佳影像效果的電腦、更好的畫筆、適當的褒獎、他空閒時做自己事隻眼開隻眼閉等等。Carrot and stick，你懂的。

任何人發脾氣，都不要跟著他起舞。有些人在職場連生氣都只是做戲，便不要陪他們演戲了。做好自己本分就好，應管的還是要管。

曾經頑劣的呆總

得力下屬有異心

呆總你好：

我有一個得力助手是由舊公司帶來的，算是心腹。近日我留意到她開始常常拿病假、但第二天一臉健康的狀況，工作有點心不在焉。我認為她有異心在找工作了。有點心淡。我可以怎樣做呢？假裝無事發生？

Yuki

Dear Yuki,

你我都打過工，請明白人望高處是人之常情，各人上班有自己的目的，看開一點吧，我想沒有人敢說自己是全世界最好的 boss。

不妨猜測你得力助手想離職的原因，然後直接在她開聲之前彌補？上班族不外乎想要：升職、加人工、有更大的發展空間、接觸更多人、多點私人時間等等。

知己知彼，想一想　貴公司有何不足，想一想助手值多少，想一想助手最看重的是甚麼，我相信如果待遇相似，以多年人情來計，你是佔優的。（即使如此，請你抱著平常心，因為無論你公司多完美，你都可能不符合她來上班的目的，非戰之罪。以前有位女同事喜歡以尋找戀愛對象為目的來上班，初來幾個月，和幾位男同事相處後覺得不合適，拍不成拖便辭職了。這真的和她的工作能力、公司的待遇等等沒有任何關係。）

但如果你不覺得她很重要，無可無不可，大可隻眼開隻眼閉——畢竟她找不找到工作都成疑問，不是人人都會遇到適合自己、自己又同時適合對方要求的工作。到她開口辭職了，你可以直接問清楚，那一刻其實都未為晚也，萬事有商量。最重要是你不要因她有異心，以為她想背叛你就單打她，那只會愈叫愈走。人會上班只是因為忠於自己，而不是為了當你的忠臣。對她好一點，人心肉造，這些感情和交情不是用錢買到的。

呆

下屬哭訴人工不夠

呆總您好：

我有個下屬辦事能力中上，勝在夠忠心，一做便做了五年，我們都把她的人工加到市場水平以上。剛剛星期五她叩我的門，坐在我面前哭得梨花帶雨，説快要三十歲了，人工真的不夠她和男朋友結婚生活，所以一直不敢結婚。問我可不可以看著她多年替公司工作、亦不打算轉公司的分上，再加一點人工？

我説再考慮考慮，但我心知她到外面不會找到同等薪金的工作，而我們真的加到盡了，再加下去大老闆也會質疑呢。

長嘆的 Timothy

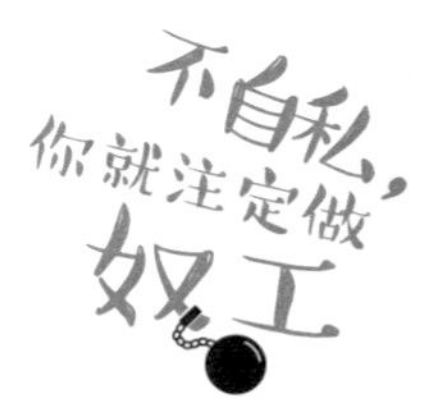

Tim Tim,

人類都是心中有數的動物。

你其實心中有數：她只值這個錢，哭泣聲絕無意義，強行加人工是對公司和同事不公平；你都無謂從這方面多想。不妨直接向她陳述：「人工太高，連市場都justify不到，今年公司無法再加人工。」回絕她的幻想好了。

至於要不要給她希望：「或者下年會加人工，或年終有花紅」，便要視乎　貴公司的安排。沒有就沒有，都沒有甚麼大不了——尤其是她沒有太大的機會成本（opportunity cost）。她不是為了你公司而放棄更好的職位，而是根本沒有這選擇。

如果你真的很可憐她，可以跟她談談結婚所需的每月支出，替她計一計兩小口合力的財力可不可行。（本來想寫「或者鼓勵她多找幾份兼職」，但站在你利益層面上，這太不智了。別當一個好人，好人到傷害自己利益。她自己想到是她自己的事。）

結婚其實只是簽張紙，有些人擺酒只安排午宴，兩家人一圍枱就夠。結婚生仔從來都是平有平做，貴有貴做，如果不做，亦只是因為有些事他們看得比結婚生仔重要。

你不必太內疚。

認為三十歲不代表甚麼的呆總

下屬同室操戈，上司理不理好？

呆總你好：

我部門下屬有四個，最近我留意到其中兩個本來是友好的，現在面阻阻面黑黑，你說我應該裝作不知道便算，好嗎？

視線不知應該放在哪的Joe

應該習慣看歪少少的Joe：

老人家常說：「不做中（中間人）、不做保（擔保人）、不做媒人三代好。」中間人難做呀。

世事沒有那麼TVB，你給他們一份需要合作的任務便能令他們重修舊好，友誼永固。如果我是你的話，我會想一想他們當中有沒有誰是我不想捨去的。畢竟恆常的辭職理由是：錢不夠、氣不順。我盡量顯得持平的同時，會想一想這件事若不擺平，會不會令他們短期內「氣不順」憤而不幹。

而且你如何處理同事的糾紛，方式有沒有人情味，其他同事和下屬都看在眼內的。不想失去他們的話，可以來個迂迴的：分別約全部下屬單獨吃飯，跟下屬定期溝通，就算是了解不到這二人的紛爭，都可以了解一下大家對部門的想法。或者可以來直接的：直接問他們／其餘兩位同事發生甚麼事。你知道總比不知好，因為有些問題可能是結構性的，忍得一時忍不到一世，你只是沒有發現而已。

如果你看這兩個人都是成熟的人，為了份糧，可能都會忍下去，如果他們肯忍，告訴你他們沒事，你便即管相信這些表面說話就夠了——因為你可以做的已經盡做，盡了人事便要聽天命。若是他們不夠成熟的，讓你來作主，要你來評理，那就真的麻煩了。

到時你要有二選一的心理準備。

即管持平，問心無愧就夠的呆總

下屬經常請病假

呆總您好：

我有個下屬，長期告病假。自己、同事、她的下屬觀察所得：只要她心情不佳就會請病假。上午發脾氣，下午連帶第二天就會請病假。

我的公司文化其實是重人情味的，待得最久的員工至少做了十五年。我……應該把她辭退嗎？有沒有觸犯僱傭條例？

Jeff

不做功課的 Jeff：

法例規管的只是不得解僱在放有薪病假的員工，但如果告病假頻繁影響工作進度，在她上班時提出中止合約（給予一個月通知，或支付代通知金一個月薪酬請她即時離開），都是合理合法的。[7]

但你公司作風重人情味，建議嘗試用一個比較溫婉的手法：談一談。「這種比其他同事高的請病假頻率，本公司非常關注，管理層都很擔心你的身體狀況，工作事小、身體事大，需要停薪留職三五七個月，或者轉半職，一星期上班三四日可以嗎？」

你可能會聽到一些比較有趣的答案（例如忽然變得弱不禁風、五勞七傷），或是猶如菜市場面臨屠宰的鮮魚的死命掙扎和擺尾。

祝你好運。

呆總

P.S.

是幸，或是不幸，發脾氣而請的揮霍式病假，通常不是想辭職前奏的「病假」——那種病假都請得很小心翼翼，怕請得太多，之後請不到，見工就更難了。

7 請諮詢勞工處以獲取最新勞工法例資訊。

下屬家有惡妻不想 OT

呆總您好：

我這行業有 peak season 有 low season，旺季時有個下屬永遠都不願多加班，説家有惡妻，遲一點回家便會懷疑他有外遇。我看他所言非虛，有幾次他遲放工要偷偷打電話，軟語安慰對方。

他工作能力不錯的，我唯一不滿的只是這點：他對不 OT 的堅持太固執了，簡直影響前途。我可以怎樣勸他重振夫綱？

Tommy

Hi Tommy,

叫人 OT 才是不合理的。放工是合理的。就算你會補錢，人家留下來是人情，不留下來是道理，你管人家夫妻關係幹麼呢？或者他工作的目標只是賺錢讓妻子過幸福的生活呢？

之後升不升他職是你的個人選擇，就算有人為工作做到爆肝，一樣可以不獲升職。正如家有惡妻，是他的個人選擇，一直沒有離開妻子，你便可以假設他甘之如飴。即使他再多的無奈都大可能是藉口，安樂地躲在堅壯的女人背後，打風都打唔甩。但不必恨鐵不成鋼，你叫他做的事，他在限期前完成，而且做得好，那就夠了。

OT 不代表效率的呆總

下屬忽然發脾氣

呆總你好：

今天我嚇呆了。平日公司接待員小妹妹脾氣都是超級好，日日笑咪咪的，就算別人罵她、取笑她，她都無所謂。忽然今日有同事和她一言不合，她發了個很大的脾氣，在公司尖叫，掃了枱面的膠紙座落地。全公司都靜了。

該同事事後說其實只是一件小事。你有沒有遇過這種貌似人畜無害的雙面人？

Doris

Hi Doris,

又未至於是「雙面人」那麼嚴重，你未免大驚小怪。人總有情緒，誰都心酸過，哪個沒有？人家以為是小事，或者小妹妹被勾起某些陰影和不快經歷呢？

這個發脾氣事件其實同樣是小事。如果她明天回來，好像沒事一樣，你們都假裝沒事就是。人生如戲，全靠演技。真的想知，不妨叫行政部經理「關心」一下，但其實沒有甚麼大不了。（長期會這樣的話，建議請她看看心理醫生，可能有點鬱躁。）

有淚不輕彈，只因未到傷心處的呆總

呆總筆記

老闆的本分是甚麼？和一艘船的船長沒有分別：訂立方向和航行的路線，帶領一眾船員平安地跨越充滿奇異海上生物的茫茫市場大海，以賺取應得的利益。在員工角度，老闆只需要有：一、明確的方向和指令；二、出糧；三、公平的晉升機會。老闆做好這三點，不必做多，其他的於下屬而言，萬事有商量。

把這些做得好，其實不難。

重點

- 不要和下屬太友好，最好公私分明：獎罰要分明，做人要公正，不要管你下屬的私事。
- 管不了的下屬，找個中間人來管，若這都管不來便炒。
- 每人上班都有他的目的，即使你做得多好，你的公司都可以實現不到下屬的目的，不要太計較。
- 正常的員工忽然脫軌，隻眼開隻眼閉便算了，別太認真。
- 做好你做上司/老闆的本分。

5

身為兼職 / Freelancer，自私一點

「每一位 freelancer（自由工作者）的客人一開始說得多美好，表現得多友善，最後都總會變成一個惡客。」一位資深的老行尊曾對我說。日後歷練得多，便明白他說的是真理。

試過不少客人一開始表示萬分了解 freelance 的工作和性質，但到後來 freelancer 做得好，他們不會把成功的功勞歸於 freelancer，會推說生意還是不外如是、freelancer 幫不上大忙；他們的生意仍然會賺到錢只是客人他們本身好運、聰明能幹。

世上哪有穩賺的生意？到生意稍為回落，他們會呻得黃葉碎落，彷彿一切都是你這 freelancer 的錯，最好你把命賣出來，確保他一本萬利。他們慢慢把你當成下屬一樣指指點點，而不是合作的人共同進退，只是付出比正職還要少的工錢，要求你當個萬能的奴隸。

但明明你當初做自由身工作者，就是想更自由，就是不想有老闆！你要怎樣做，才能捍衛自己當自由人的初衷？

時薪低，但勝在工時長，賺個經驗，好不好？

呆總您好：

今個暑假我得到一份在主題樂園當暑期工的機會，平日我替人補習時薪二百，這份時薪 $63，而且路途遙遠——我要先從粉嶺坐巴士到青衣，車程一個多小時，然後轉車去欣澳，再轉多一程車去樂園。

但勝在需要工作的時間都算長，我努力一點又似乎是一筆可觀的收入，掙扎猶豫中。如果你是我，你會怎樣做？

下年才畢業的 Patrick

享受最後一個暑假的 Patrick：

暑期工對我來説已經是清末民初般遙遠。遙想那青蔥的歲月，若是有一個建議給我自己，我會跟自己説：「盡情地玩樂吧（盡情泡男孩子），去最多的背包窮遊，即使開學了都可以考慮，尤其是考完試 sem break 的日子，短線遊也好、長途旅遊也好，買程廉航機票説去就去，因為你畢業後這種時間會愈來愈少，人開始見識過好東西，床硬一點軟一點都睡不著，更遑論是八人同房的青年旅舍被鋪。」

若我是你，最後一個暑假，甚麼工作都不要，去窮遊吧。

但你既然在想工作的問題，我只好給工作上的建議：考慮一份工作，不外乎其經歷、可預見的回報以及成本。

經歷是無價的。如果你問我：「願不願意當免費導遊？」不了。「願意當吳彥祖的導遊嗎？」哪裡？何時？我馬上去買機票！

無疑去樂園工作的經驗，他日難以再試──在你工作了幾年之後，不會忽然想辭職來玩玩幾天這工作體驗；趁著年輕可以一試。但過了兩三天訓練後，真正工作了幾天後，你可以再打算想做多久。不必擔心辭職問題，他們暑假員工的流失率很高。

單從收入角度，你的回報很少，薪金不算高，時間成本才要命：那個主題公園的上班打咭位置在公園場景入面，要換了制服到達才開始計時薪。換一次衣服，從公園員工更衣室走到場地需時至少半小時，每天來回一小時，加上你的車程，不得了。不如乖乖找多一兩份補習，或者是時候想想做一些小生意──青春無悔，即管任意嘗試。

有很多年輕人──包括我當年──都被人誤導過暑期工很重要。但到頭來，除非你的暑期工在投資銀行度過，否則都只是用來做你見工時天花龍鳳地吹噓的資本。如果你懂吹噓，你根本不需要這些資本──看十條八條 YouTube 旅行片段，說你暑假有一場辛酸的背包旅遊、和青年旅館的朋友們一起登山流浪，遠比你在主題公園有團隊精神和國際視野。

當然，人不能太功利。有些人是特別喜歡主題公園的，園內設施你換下工作服是任玩的，而且氣氛不錯，每晚看漫天煙花，又多青年男女一起工作，說不定你會找到他日的伴侶。這些快樂和喜愛，又是在計算以外了。

自己衡量。人不風流枉少年。

曾經荒唐過的呆總

文案做到一半被反價

呆總你好：

我寫文章算是不錯的。我大學同學兼朋友有個事業有成的妻子，想出版一本有關她行業的書，朋友找我代筆，一萬八千元。我見是朋友，她的職業挺有趣，便答應了。他妻子給我的錢都收了。

做了研究，寫了大半，朋友不知是經濟不景，還是現金周轉不靈，説我們協商的是一萬五千元，請我退還三千。他連追我數天，我訝異了，翻查紀錄，的確他們跟我説的只在電話答應過，沒有任何文字紀錄。他堅持是我記錯。

其實……代筆只收一萬八千，寫一本幾萬字的書出來，都已經很便宜，我應該怎樣做？

Alexis

不懂人情世故的 Alexis：

你不如絕交好了。這個同學已經不是你的朋友了。接受現實吧：Life changes, people change. 昔日的同窗到畢業後在職場打滾，誘惑多了、誘因多了，人會變質的。你的定義都要跟著變。這種坐地反價的人是你的朋友嗎？

有幾件事反映了你入世未深：

一、當日是他找你去寫書的，是他求你的，你的姿態可以高一點。

二、一萬八千元代寫幾萬字，還有那些研究，說貴不貴，說便宜不便宜。但如果質素真的好，我想你他日會後悔收這個價錢，把自己心血賣了。

三、白紙黑字是重要，朋友都不例外，WhatsApp 訊息／短訊都是證明，不一定要電郵或合約，但須列明清楚：酬金、工作細項包括甚麼、可以改動幾多次、改動的時限、幾天內付款、付款形式等等。

四、口頭承諾都有法律效用，看法官信哪位。

五、如果價錢是有問題，是一萬五千，而不是一萬八千的話，他妻子會跟他說，一早就不把一萬八千匯款給你。

六、其實你朋友應該比你驚慌，因為你錢都收了，你一個不高興，人間蒸發，他血本無歸。

七、正常的交易是有白紙黑字，有訂金，完稿後若干日子內交尾數。

所以不止是你，連帶你的朋友都是入世未深。他大概沒有試過搬家，總有搬屋公司搬到一半，把車停下來，和屋主討價還價；屋主不願意多付錢的話就把傢俬扔下車。通常要搬家的人都會乖乖就範。（所以要找信譽良好的、相熟的搬屋公司。）

現在是反行其道：搬家的人嗆駕著搬屋貨車的人要減價——這是甚麼狀況？他試試在菜市場，劏魚的把魚殺了，魚鱗刨了一半，才說不要，要便宜一點？看看魚販會不會把他宰了？

你和魚販之間的分別是一柄刀和身上的殺氣。

我建議你反臉，連下半部分都不用做了，直接人間蒸發。你有點良心便交出現在的稿，與他的妻子對質，從此不再和你的同學接洽——這件事可能他的妻子都蒙在鼓裡（或者假裝蒙在鼓裡），她懂得做人的話，既然錢都已付，無謂惹你生氣寫下半本爛文，她要再找其他人替你收尾。

最不建議是你退還三千，默默受氣。真的不必。

活在欺善怕惡社會的呆總

接 job 似生仔，現實可能比理想痛苦十倍

呆總您好：

我剛接了一份 freelance，一半工作是替電視節目當現場校對，一半替該節目主持做學術研究。現場校對那部分還好，研究那部分我本來以為一星期只需要當十幾個鐘就會完成，後來我發現我每日八小時放在研究上，做了兩個星期，進度仍然落後，很痛苦，但我答應了的事，可以怎樣做？

（利申：人工不高。）

Sisyphus

很難想像你會高興的西西弗斯：

我很欣賞你這化名──那希臘神話中被懲罰永無止境要推巨石上山、快到山頂時巨石又會滾回山下的悲劇英雄。面對這樣的詛咒，卡繆曾經說過：「One must imagine Sisyphus happy.」──由於西西弗斯接受了這樣日復一日的命運，他大抵都已安然接受並且認命，他應該是開心的；也因為如果他不開心，這種想法太可怕了。

只要你一如其他人一樣地認命，你都會開心。但你不似是開心的，即是你不認命。然而你有沒有想過：沒有人下了詛咒你離不開崗位的呢？即管跟僱主談一談：你可以做現場校對的職務，但研究部分真的不成，減人工也好，不減也好，看看他有甚麼反應。天曉得他可能另有人選呢？

人很多時會低估 freelance 的難度，無論僱主或是受薪的都常見。有點似女人生仔一樣，一早預計了會很痛，有些預計了想順產，誰知真的痛得超乎預期都生不出來，便要去開刀，但不一定即時有醫生替她剖腹，一等便是幾小時，如果順產可能五小時便完成，她們結果卻辛苦了大半天，遠遠超乎預期。Freelance 的痛苦程度亦然，所以接 job 前需要預計最慘烈的程度。

例如 transcribe 這種替人聽錄音再抄寫的工作，幾乎做過的都會說以後不做：你以為一段英文聲帶 5 分鐘，將內容打出來很容易？請你至少預計需要半小時才能完成。當中你需要不停翻聽別人的支支吾吾，有些口音你每次聽都聽到不同的句子。然後派工作給你的還會嫌你做得慢，以為你偷懶／報大時數。

今次若是真的太痛苦的話，不做也罷。工死工還在，下份更可愛，沒有人能把你逼上梁山的。下次接工作時，把自己預計需時的鐘數，乘大三倍吧。

認為世上有強姦無煱賭[8]的呆某

8 廣東話諺語，字面意思是：強姦是被逼的，但賭錢不會是被逼的；延伸意思：一切自己有分參與執行的事都不會是被逼的，自己或多或少要負責任。

你中年發福的肥膩老闆問你月薪可否以身相許、錢債肉償，合理嗎？

呆總您好：

如果和freelance客戶談好了工錢，過了一個月，他扣起部分薪金，想用公司出售的貨物以物易物的形式支付，可以接受嗎？

Katrina

遇到無良僱主的 Katrina：

你打了工，你中年發福的肥膩老闆問你月薪可否以身相許、錢債肉償，合理嗎？

當然不可以啦！他以為他英俊無雙，春宵一刻值千金，你又認同他值那肉金嗎？還是其實是一個負數？現金是可以隨意轉換成你想要之物，例如去買個午餐；你總不成把脫光光的老闆帶到餐廳老闆娘面前，問她可不可以用他來交換煎蛋火腿通粉？這也是宏觀經濟學解釋為甚麼 barter economy 會式微的原因。（只是沒有解釋得那麼鹹濕。）

以物易物，限制了你用原本薪金去得到你想要之物的自由。他強行逼你接受他的產品，誰說你為他打工，就一定想要自己有分賣的東西？除非他的「物」在你心目中等同市價，甚至高於市價（例如公司周轉不靈，願以股分代替，剛好你又看好公司長遠前景，他的價錢實在優惠），否則免問。

老闆提出以物易物，當然就是心知他的付出低於他要付你的金錢（每件貨品售價本來就是比成本價高，這樣才能圖利，賣幾千元的東西在他成本價來看可能只值幾百，他在以幾百元來換你幾千元的服務），根本就是搵你笨。這樣的老闆，快點 cash out 拿著現金早走早著。誰要他的服務或產品？有錢不能自己買？

如果個個老闆都肉償薪金便會很糟糕的呆總

有大客戶想請我，前提是我先免費工作一個月來證明實力

呆總您好：

我有一個潛在客戶是跨國公司來的，她本身合作的廣告公司花費了她三四十萬廣告費，卻完全沒有生意，過了半年便想請我替她管理廣告平台。我有信心比那廣告公司做得好，但由於她說不知我的底細，想我先替她管理一個月廣告平台以證明實力，一個月後若是效果滿意，便會和我這在家工作的自由戶合作，月薪大概一萬五千至一萬六千。

我有點猶豫：人工好像都不算豐厚，但朋友都勸我在家工作，又花不了很多時間，都有這個數字，算是不錯。想問問意見。

Ginger

純純的 Ginger：

我可以去超級市場拿走黑松露菌醬、風乾黑毛豬火腿、芝士和紅酒，回家細細品嘗，滿意才於下次光顧時付款嗎？

如果你自信你的專業可以直接打敗一間廣告公司的成效，請你尊重你的專業和時間，我相信有其他付得起錢的工作在等你。大客戶不是可以任意店大欺客，自由戶不必跪拜任何人，本應更能捍衛自己的底線和勞力。

有時自由戶更加應該比同行薪酬高，因為公司不用負擔一個 headcount，合則來不合則去，沒有強積金、病假、醫療保險這些勞什子。想到這裡，你便會覺得自己物超所值。

再者，跨國公司對業績重視得很，年度的廣告費用已被浪費，業績是零，你的資源有限，你肯定客戶業績目標的壓力沒有轉嫁到你身上？

很想請你替我家免費打掃一個月，
一個月後一定說不滿意的呆總

我朋友介紹工作給我，卻抽成很深

呆總：

我有一個網友，算是談得來的，知道我是freelance替人寫作、校對、翻譯的。他剛介紹了一份長期合作的翻譯工作機會給我，前提是我每月無論收取多少酬金，背後要給他三成抽成。原本客戶算是待遇豐厚，一扣了三成大概是正常一份工作吧。其他朋友叫我不要計較，就當是原本客戶給我一份正常薪金，也是值得的。因為至少客戶的名堂響，寫出來可以擦亮資歷。

我網友催促我快點回覆客戶查詢，WhatsApp最好長期在線，不要失蹤。我……覺得有點壓力。我從來不喜歡秒回客人，因為我都會有其他工作要做。是我脾氣不好、要學習有擔戴嗎？

Mark

就是脾氣不好都不需要介懷的 Mark：

以前剛替人做翻譯，我也不懂定價錢。有朋友是以整份工作來訂價的──畢竟整件事要做得好，是看成效，不是按字數。但我那時還是走最傳統的算字數路線。

同行好友跟我說：「你可以試一試計算：英譯中大概多少錢一個字，加多一點點錢給研究時間，再加多一點點令你高興的。」

這最後一點：「加多一點點錢，令你高興」，很重要。

當自由戶本來就是為了自己高興（其實打工都是）。若是一份工作你接了，反而令你不舒服、不高興，薪酬又沒有特別彌補傷害，不要就算了。

你的網友當然會如厲鬼般抓住你，難聽一點説他寄生在你的勞力上，還會逼你秒回客人，並沒有站在你的立場想過，他是與你對立的既得利益者，可以不理。究竟他算不算是你的朋友？自己想想吧。

朋友貴精不貴多的呆總

「被拖數是常識吧？」

呆總你好：

不喜歡當freelancer也當了一段時間了，拍攝這行業很多時會被客人拖數，我真的很介意。同行都說：「被拖數是常識吧？不止你一個。自己把自己的財政安排好，才能走得更遠。」

我鬧大的話，又怕少了工作機會；但不鬧大又心有不甘。朋友都說我斤斤計較，太小心眼，當freelancer就是吃得鹹魚抵得渴，想有更大的自由便有代價。

Nicolas

Hi Nicolas,

假設有一日你去旅行，下飛機後發現當地人一日三餐都是吃糞便的，你會吃嗎？但人人都在吃，人人都跟你說：「吃了沒壞。這是常態。若是肚痛拉一拉就好，沒有甚麼大不了。」你會吃嗎？

我想你不會。我想你會在菜市場內找可以食的東西，自己煮餐給自己。人人都認同的路你不一定要認同；這個被拖數的模式不適合你，你便開創自己走得舒服的路吧。

一再強調：做 freelance 的人通常都是想更自由，走自己的路；若要走別人的路，不如受薪找間公司聘請你算吧。

或者你是無可奈何、身不由己的。正如你一下飛機，太肚餓了，所有餐廳都只賣糞便，沒有其他可以吃的，你不吃就會餓死，那你吃一點點屎都是在所難免。但長此下去就可免則免了吧？

你有幾個方法可以減輕吃糞的痛苦：

一、記住要客人在落實計畫前先付訂金，最好至少一半。
二、在拍攝當日收尾數；不成的話在交出相片前請客人先付尾數；倘再備受壓力，可考慮交出一半相片並不交出影

片，要求客人先付尾數；以上都不成的話只給已處理好的低像素成品，不給高像素圖，直至收到尾數。

以上都是合理措施，客人也不懂你們攝影界的行規，你堅持，他們便會做，亦不至於會得罪客人。同樣地如果你判頭都這樣向客人堅持，他也會收到錢然後可以付款給你。

若是真的被同行判頭逼令把所有貨都交出來，就是收不到尾數，你有空就煩著那判頭吧，冤有頭債有主，向他訴説你多窮困；更可以説你沒錢開飯得要問他借錢了。

其實這個判頭你不要也罷。自行創業吧，反正你都已是自僱人士了，只要你堅持自己的原則，市面上的客人有一百種，不會個個都是衰人。

去過幾間新興韓式攝影的呆總，
總是即場影完挑相付款，
過幾天才有相片

老闆先買下我工作二十個小時，做滿又怪我時數多，不認帳

呆總你好：

我替一間公司整理資料，時薪 $60。上班第一天僱主就跟我說：「別這麼婆媽，我先給你 $1,200，算買下你工作時數 20 個小時。」

當我把工作接手後，發現項目內部相當龐大，我做到一半，已用了快要 20 個小時。我跟僱主說起，她就抱怨，暗示我寫多了時數。

我是很委屈和冤枉的。

Nicky

Hi Nicky,

現在馬後炮沒有用處的，但我還是要說說，以免你日後，或身邊有人有類似情況而遭殃。

首先，老闆初相識的大方，你最好不要相信。真正大方的，你日久才會知。

其次，當僱主表現對你信任時，請都不要相信。大家白紙黑字寫下來的才算是實在，有紛爭時可以看字據。

再者，千萬不要事先報數，永遠實報實銷；即使她大筆一揮扣起時數，請你另備紀錄，記好你的工作時數，最好她每次都過目，或者是電郵通知。

但我個人認為時薪這些拆件式的薪酬模式是騙冤大頭的手段——你做好一件事，有時是看效益的。例如我替 Nike 想想公司廣告口號「Just Do It」三隻字，我會按字收費嗎？$10 一個字？假設每個字都是天價：$1,000，都是太便宜了吧？ Netflix 的開場音樂「登頓」只有 16 秒，設計的是奧斯卡最佳配樂得主 Hans Zimmer，難道你認為他會按時數去收錢嗎？試了廿幾種不同的效果才敲定，然後 Netflix 的主管看著那 mark 數紙抱怨：「Come on, Hans，這個小音節怎會需要你那麼多時間？」

要嫌人快、嫌人慢，不如叫你老闆轉而計算完成一個項目應付多少錢（project based）。給予時薪的工作通常一就天價，二就是最便宜最零碎、技術性低得隨時可以在街上找一個人便幫到忙的工作。

要是要求多多、腌尖腥悶、得了便宜還賣乖的話，請過主。

賣效益不賣時數的呆總

朋友試探我的商業秘密

呆總你好：

我是當婚宴甜點到會的，平日有和幾個相熟的婚宴策畫公司合作，關係友好。近日其中一間的朋友 Stephy 一見面總會問我有關我來貨、價格、同行競爭等生意上的問題，我不答她好像會破壞我們之間的關係，我也相信她不會跨界做餐飲；但我實在不願意公開我的商業秘密。

Kitty

還能口密、保護自己的 Kitty：

不想對外公開自己搵食竅門都是人之常情吧。你的「朋友」Stephy 才是不懂做人的那一個。

若你是嘴硬的，她問到敏感資料，沉默就是，或是耍太極說其他事，或是含糊其辭。若你心腸軟，你要有心理準備你開誠布公、無私奉獻的資料都會落入如敵國的同行手上——今日不會，明天都會。你今天沒有能耐保守自己的秘密，又怎能指望他人會為你的秘密守口如瓶？

你相信她不會跨界做餐飲，我也不清楚你的信任從何而生。她可以自己不做，拿著你的價目和其他人討價還價時更有牙力喔！

不放心把命運交給別人的呆總

不自私，
你就注定做
奴工

呆總筆記

Freelance 的時薪是應該比正職高的。因為 freelancer 替公司減少了行政費用，甚至連位置都不用留給他們，用一個不穩定、呼之則來揮之則去的身份替公司效力，這些不確定性是有個價目的。Don't sell yourself short.

有不少無良僱主會因為你勢孤力弱便壓榨你，我試過明明是應徵 part time admin，面試時多談幾句，老闆想用那聘請 admin 的時薪 $50 換我做 freelance marketing 的工作：「同樣是一星期返三日的工作範圍內吧，反正當 admin 都很空閒。」若不清閒，我怎會肯收這麼低的時薪？難道他會答允：反正他銀行戶口很多錢，用不著，與其毫無作為，乾脆全數過給我？

你要時刻保持抽離和理智，明白自己的價值和市價，捍衛自己的工作量不要多、不要少，才能當自由身當得長長久久。

重點

- “If you are good at something, never do it for free.”（不要免費做你擅長的事。）Joker, *The Dark Knight*
- 白紙黑字寫下你要做的職責，以及會得到的報酬、交貨時間、何時收到報酬；留個紀錄保障大家。
- 最好不要接受以物易物作報酬。
- 最好不要成為中間人的長期生財工具。
- 賺個經驗，好不好？視乎這個經驗值不值得。
- 接到很痛苦的job，真的受不了就放棄吧。Freelance工作本就有很多沒人想做的豬頭骨。

6

面對合夥人，自私一點

人常恆說：「要走得快，一個人走；要走得遠，一班人一齊走。」在創業的路上，可以因應生意的不同本質和階段接納或否決更多人的加入。但除了因為生意理念和週期外，有時更需要留意的是要加入的人／自己想加入的團隊是甚麼人，應該如何相處。

八個人夾分做生意，做不做？

呆總：

急！有朋友想我夾分做旺角樓上餐廳生意，不算多，每人夾幾萬，朋友說把我算在內，總共有八個股東，即使有甚麼風險，都可以大家承擔，也是好事。我不想走寶，又隱隱覺得不妥，怕會內鬨。你怎樣想？

Louis

不要急最緊要快的Louis：

快！把幾萬匯給我吧！勸你朋友都把錢匯給我吧！然後我安排一些一定失敗的餐廳投資項目給你們瘋狂討論，天天約（不到）時間討論，年尾我會告知你們：「你們的資金已經用盡了，想繼續請注資或離場。」

你們肯課金給我的話，便可以繼續重複你們沒有成效／只有負面成效、拖後腳的討論，周而復始，又是時候入錢給我。

八個人八把口，可以實行任何貼地實際事情的可能性接近零。

項目多過三個股東就不會合夥的呆總

三人合夥，其他人不做事，怎麼辦？

Hey Buddy,

我有聽你說：做生意和人夾分，股東最多總共三人。我就是這個case！我們分好了前期的準備功夫，約了一個月後大家再看進度。一個月過去，我是唯一一個有動手做事的人，其餘的兩個把工作推來推去，我由「只須做好自己負責的部分」變成「要管理他們的進度」，有時甚至開始動手做他們的事，而且不得不管，因為連涉及銀行和政府的事宜，負責的合夥人都一直在拖，我不想被人控告呢！

我是不是有點笨？

Bobby

Hey Bobby,

我是有說過「合作做生意股東最多只好有三人」，這是我個人的看法；但正如結婚需要兩個人，不是任何一個人和你結婚，你都會答應吧？要帶眼識人的。

如果到最後變成你一人可以完成三個人的工作，你還需要 partners 嗎？

除非你很享受當監工去帶頭做這事，除非大家都乖乖聽你說（這情況好像不是），也認同你是帶頭大佬，否則還是早早說清楚，大家好聚好散。如果他們繼續浪費你太多精力，而你又不停給他們壓力，這友誼遲早告吹。

他們在創業初期都沒有衝勁，算了吧！衝勁這東西通常是在起跑時最旺盛，然後就如人類的體力一樣，隨著時間不斷下滑的。

開始跑步氣喘如牛的年老呆

人人都在踩界，好兄弟叫我一起踩

呆總你好：

我的好兄弟是做小生意的，行業就不說了，項目可以申請若干資助的。他和我合夥，想我幫他處理繁瑣的文書。直到有一天，他想我以個人名義開幾間公司。原來整個行業都會在申請資助時，找兩三間公司提供報價，顯得自己的報價合理。

我猶豫了，好像有點隱隱不妥。還是我過慮了？我好兄弟多次強調：「整個行業的玩法都是這樣，你都知道的，不會有事。」而我知道這是事實。但聽慣是一回事，自己要動手，又是另一回事……

船頭驚鬼、船尾驚賊的 Wallace

其實是醒目的 Wallace：

這不妥已不是「隱隱」了，而是很明顯了。如果是可以光明正大做的事，你「好兄弟」一個人大可以申請七八九十間公司，看有沒有人去查他？

他叫你去開公司，說不會有事，但如果遇事上來，他會用性命去擔保你安全嗎？你要坐牢時，他有能力頂包，還是有權力抹走跟著你終身的犯罪紀錄呢？

偽造和使用虛假文書，廉政公署會控告你。你去搜尋一下「假報價單」這四個字便會發現不少新聞，案件都是法庭常見的。立即抽身，立即拆夥，立即脫離這合夥人身份吧。或者叫你去舉報他，你做不出來，但絕對不要收受任何利益──因為如果你是收了他利益（「接受或同意接受任何不披露該資料的代價」）而不舉報，你就犯了「隱瞞」罪。[9]

或者十年後你朋友仍然平安，賺個盆滿缽滿上岸。但這個險你願意冒、亦值得冒嗎？（他是抬金山銀山來利誘你鋌而走險嗎？沒有呀！你犯險的回報未免太低了吧，你朋友在搵笨。）常在河邊走，濕鞋的機會都比較高。犯法不犯法，

9 此處內容僅供參考，如有具體法律問題，請自行查閱相關法律條文或諮詢專業的法律意見。

可能只是稍一不慎，或一念之差。你又何必把自己置身於與危險一步之隔的距離？

快走，速逃。

交友審慎的呆總

起步階段，盤數未清，有人想投資，應該考慮甚麼？

呆總你好：

我做一點小手作的生意，現在於起步階段，算是略有名氣，但我連帳目都未釐清。有朋友知我這小生意後表示想合夥注資，我跟他表明了：「不如遲一點吧？讓我先把帳目弄清楚。」他笑說：「那當然是現在就注資了！你算清楚便不會便宜了。」

我不清楚注資是甚麼一回事，我應該注意甚麼呢？

Toria

Hello Toria,

你應該注意的是：千萬不要讓這人做你的合夥人。他只是趁火打劫、混水摸魚，他不是你的朋友，他是來佔便宜的。

除了要小心他以外，你要想一想：你在可見的未來可以賺多少錢？你的生意最需要的是甚麼？如果你忽然多了一些錢，你想拿這些錢如何發展？你願意用多少的生意股分去換取這些錢，而這些錢何時可以讓投資者回本？還是這錢你自己都拿得出來？（雖然商科老師總會教你：「Use other people's money是最好的。」我有時不認同。因為受人錢財，你要放棄部分話事權，而且決策力和行動會減慢。）或者考慮這合夥人有沒有金錢以外的貢獻，例如經驗、人脈、低息借貸等等。

有前景的生意，合夥人易請難送，三思三思。

替人創立過公司然後離開過，
所以很珍惜自己擁有的公司的呆總

「感情關係中不被愛的才是第三者」？

呆總您好：

我和我的中學同學兼足球隊隊友夾分做生意，我主要負責出錢和生意的營運，他負責技術。他這個人有點沒交帶，他的女朋友會時常提醒他。

有一天他提出想把自己那份股分分拆一半給他女朋友，讓她也成為合夥人。我覺得挺合理，結果我們公司變相就有三個股東了，我仍然是大股東。慢慢，我總是覺得他們商量的事，我都沒法參與，好像被架空了，有時我是不知道他們在處理甚麼事。我應該怎樣做呢？

Lucas

Hi Lucas,

你好像那些正宮娘娘一樣，明明是大婆，但被二奶說：「感情關係中不被愛的才是第三者。」Bullshit. 法律上保障的是大婆，離婚時可以分丈夫一半身家；丈夫遇上車禍送去醫院，憑你大婆身份就可以把閒雜人等，包括二奶，掃出門外，正如你大股東身份一樣。就是你可能見是一場同學，心軟罷了。

我不知道你的生意有多大，如果有點規模的話，你可以考慮請一個第三者做統籌營運的CEO，大家有甚麼難聽的醜話就靠他傳遞和安排。你也比較容易開聲去監控其餘的兩個合夥人。如果是小本經營，你可以考慮一下自己願不願意做一個比較抽離的 silent partner——錢可以出，有錢賺就可以，實際營運由他們決定。但如果他們沒有這賺錢能力，而你真的需要安排營運，他們只是純技術操作，他們對你不夠坦誠會影響生意的發展，那你應該跟他們談一談。而且事情應該是他們希望你課金的，他們應該主動向你交代報告，否則……你扣起資金就好了，直接要求他們清楚解釋在搞甚麼，還有你需要怎樣的定期報告。

另問：你有沒有考慮過把合夥人轉成受僱人士？有些人其實天生當打工仔會舒服得多的。

一被蒙在鼓裡便會本能地覺得將會受騙的神經質呆總

不是人人皆諸葛亮，「謀士」意見不值錢

呆總您好：

我在籌備一個小買賣生意，有一個朋友我們間中會吃飯聊天，他都會給些意見。現在籌備得七七八八，他提出想要 10% 的分紅，我說我考慮一下。

有時我想：「他有為我獻計，有些回報是合理的」，但有時我又想他只是下巴輕輕聊兩句，到真正執行然後測試市場風向、改變方向的是我，我又不是照板煮碗，他說的也是常人可以想到的，憑甚麼拿我 10%？

一半天使一半魔鬼的 Gabriel

天使成分居多、魔鬼成分少的Gabriel：

世上有值和不值的意見。出色的謀士出謀獻策，諸葛孔明可以傾國傾城（但他其實有帶兵的）。不出色的謀士叫……牛頭角順嫂——任何一個路人甲可能得出的意見都是差不多。前者一字千金，後者你不如坐一程的士和的士大哥詳談好了，有些的士司機真的臥虎藏龍。

有沒有去過埃及旅行？你在市集遊玩，然後步行去神殿時，總有些埃及人走在你前面，隱隱約約一直晃動，到你走到神殿時就問你收錢，他說他當了導遊。你的朋友有點像這些埃及人——明明他沒有甚麼特別為你的貢獻，他只是跟你閒聊，然後到你快要成功時，他說他有點功勞。喂，他一開始沒有說過他那些俯拾皆是的意見原來值錢，早說嘛，你才決定要不要這付費聊天。（聊天要收費，聽起來很像裸聊……）

其實這類人在你做生意路上將會不時出現。到你成功了，就開始會有一些人找你，希望在你身上得到利益，有些人是帶來價值的，有些不是，你要看清楚。來者未必因為他

們特別愛你，只是因為你身上有他們想要的東西[10]。到有一天你無權無勢無錢，他們便會離開，不是他們討厭你，只是你身上沒有他們想要的東西。所以……enjoy the ride!

天使面孔、魔鬼身材的呆總（撥頭髮）

10《孟嘗君列傳》有如此的故事：孟嘗君曾經失勢，臣子紛紛批鬥他，到他重新掌權，他拿著小器簿打算一一清算。謀士馮驩勸他不要這樣：「市集在早上有人，晚上無人，不是人們在早上特別愛市集，晚上討厭它，而是早上市集有他們想要的東西，晚上沒有。It's nothing personal, man~」（原文：「君獨不見夫朝趣市者乎？明旦，側肩爭門而入；日暮之後，過市者掉臂而不顧。非好朝而惡暮，所期物忘其中。今君失位，賓客皆去，不足以怨士而徒絕賓客之路。願君遇客如故。」）

有合夥人更資深和年長，我友好的合夥人不理我意見，只聽第三人言

呆總你好：

我的大學同學拉攏我去創業，第一次開會，我才發現他也叫了一個比我們年長十幾年的前輩一起合作，三人合夥。這位前輩在行內打滾一段時間了，有些經驗，聽來令人信服。但近來開會時，我漸漸發現我的發言總會被無視，我同學都是偏向聆聽這位前輩的意見，三人之中，他們二人達成共識便成事。

有時我認為做生意不一定需要超人的智力和雄厚的經驗才能生存，我提出的都是常人可以想到的合理懷疑和意見，我自覺有道理，便有些氣結。我應該怎樣做？

也知道應該乖乖聽話的 Joseph

如果要聽話，不如去打工的 Joseph：

我認為你不應該聽話的。除了因為創業的人都是想有更多自由以外，更因為世界一直在變，很多時所謂老行尊的經驗，時間愈長愈沒有用處。除非你的行業需要專業而你沒有相關知識，否則常識也很重要的，而且 common sense is not common——常識這東西不是人人都有的，例如你的合夥人。

太多人把創業神化，但只要去街市走一趟，你會發現每一檔叫賣的小販商人都在經商——經商可能真的不是一門高深的 rocket science，有錢賺就好。

或者你和你的同學對此次創業的期望有落差了，不妨和他私下談一談，也不妨先自行想想：如果你的意見總被無視，既然你都不被視作團隊決策的一員，你留下來還有甚麼意思呢？或者你都要想想，這是不是同學發現你不必存在，想把你逼走的技倆。

雖然我想，你的同學大有可能只是有意無意地把你無視，他可能也很不安，希望聽從一個有經驗的人，覺得會比較穩妥，但他忽略了他的客人都是正常人，而你正正可以從這個角度看事而提出寶貴意見，不容忽視。你不妨提出這點。

面帶姨母笑容的呆總

跟朋友合作談錢傷感情？

呆總您好：

我和兩個好朋友想一起建立一個網絡平台，開始有眉目了，這事情很熱血，像海賊王般一同為一個目標進發！我可以問你一句：最需要留意的是甚麼嗎？

很興奮的Bruce

「我好興奮.jpg」的 Bruce：

可以。完。（你問我可以嗎？我答你「可以」。說笑而已。）

和朋友夾分做生意，最重要是均真。

不要怕事先說好了利益、利害，以為「講金唔講心」沒有義氣、傷害友誼。錯了，到他日互相有拗撬紛爭，大家都是因為一開始說得不清不楚而有所誤會，才是最傷感情的。清清楚楚，沒有誰在佔便宜，關係便能長久。

很冷靜的呆

夫妻可以當生意拍檔嗎？

呆總您好：

問題很簡單。夫妻可以當生意拍檔嗎？

Dorothy

Dear Dorothy,

目測所見，夫妻是其中一種最好成為生意拍檔的關係。朋友可以絕交、兄弟可以打交，夫妻檔的成功率挺高的，畢竟大家坐在同一條船，情理上大家不想一齊死，萬事大家肯互相走位互補。夫妻中間有的是愛呀，哈利！

但要注意幾個事項：

一、公私要分明。過了某個時間，或離開了公司，大家關係就不是工作伙伴，不要再談公事，給大家下班的空間。

二、同樣地，如果家庭有甚麼問題，不要帶入公司，會嚴重影響工作。

三、日對夜對可能會生厭。杯放得太近會有碰撞，間中大家安排見自己的朋友和消遣，製造緩衝的空間。

四、公司的股分要寫得清清楚楚。我朋友的朋友是一對美國夫婦，他們合力創立了一個市值過億的時裝品牌，因工作上太多拗撬而鬧離婚，就是一開始因為想著兩夫妻不必計較，大家的擁有權沒有寫得清清楚楚，再者大概都沒有想像過他日會大富大貴和離婚，結果官司打得沒完沒了。一開始坦誠清楚談好一切，才不傷感情，生意才持久。

自稱「人間小月老」的慈祥呆總

阿媽教落：除非兩夫妻拍檔，做生意最好一個人，對嗎？

呆總您好：

我想和朋友夾分做凍肉生意，跟阿媽說起，她極力反對，說起她的阿叔曾經有一門貿易生意，他見弟弟無所事事，便邀他當合夥人，最後弟弟把他的舊客都搶了過來，另起爐灶。她說她叔叔的教訓就是：「除非夫妻檔，否則做生意誰都不要相信」。事情是這樣的嗎？

Marie

靠山山會倒、靠自己最好的Marie：

個人意見：令堂沒有全錯，也沒有全對。你要想想你做生意是為了些甚麼：有些人只為了錢，有些人是為了快樂，有些人為了一時的急財然後轉讓，有些人為了建立百世的基業；這個問題的答案會影響你是否應該有合夥人。

恆常有句：「一個人走得快，而一班人走得遠。」通常是對的，但不是定數，而且「一個人」的定義可以模糊——

一間公司可以是：一、一人獨資公司但沒有員工；二、一人獨資公司但聘請員工；三、合資公司有或沒有員工。那麼情況二，算是「一個人」嗎？

容我淺談各種情況。

情況一的話，一個人做的生意可以走得很快，當你是唯一一個決策人，你可以不必開會和其他人交代，市場直接反映成敗，而你可以即時作出因應市場的反應，變化可以很快（前提是你是一個聰明肯變的人）。情況有點像一個人選擇單身，你的日子可以很快活，自己有多少收入便可以自由地花，想進修就進修，想買玩具獎勵自己便去買，想去高級餐廳享受便享受，放假想去旅行不用遷就伴侶的時間，去夜店都沒有掣肘、不必備案。

但你一個人同一時間的負擔可以很大──前鋒、中衛、後防、龍門都是你，你要有這本事一人分演一間公司的不同部門，例如管理層、銷售部、IT 部、市場推廣等。畢竟一個人的能力有限，例如你一人公司，忽然病倒了，或者你想去旅行，便會手停口停。

但如果公司是情況二或三的話，一個團隊便可以走得更遠。而當中與人合作的快樂是一人孤軍作戰不能給予的，好的伙伴可以替你在這商海航行時補漏，或者他們的意見是你的盲點，或者一人之力不足，有時需要幾個人才能拉起大纜。

情況如同拍拖，好的伴侶可以和你交流，令你成為更好的人，那種如沐春風即使大家挨麵包都會幸福得微笑。事實上拍拖的人是多了掣肘的，事事都可能要顧及對方感受，在計畫將來時把對方都考慮其中。但大家相處時的快樂，一起經歷喜怒哀樂時的陪伴，互相依靠的安穩和單身時的逍遙不一樣。

令堂所指的「所有合夥人都不可信」，有點似「所有男人都不是好東西」的論調，她似是看到有人和壞男人拍拖後很糟糕被嚇壞了──很不幸地，她的叔叔選了一個壞拍檔。

但或者不是所有男人都是壞東西，只是人人都需要帶眼識人，否則不如單身。

你可以說：「我可以聘請員工但不合夥。」可以的。情況二和三的分別視乎你想不想有人和你平起平坐。員工嘛，多多少少都有點順著老闆的意思。肯為了公司利益而將自己前途作賭注，指出老闆或者公司有甚麼問題的員工，少之又少。將心比心，你打工時，何嘗不會事到最後，嘆一句：「唔通老闆想死你唔俾佢死咩？」

但是如果你肯定自己想走的路是對的，眼光獨到，那麼自己公司獨資但籌組自己的班底和你一起奮鬥，這個情況二的做法或者適合你。

同樣在偉大航道的呆某

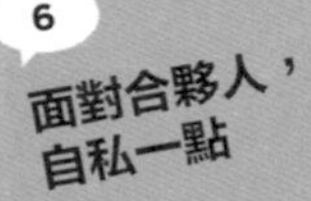

呆總筆記

不少人以為自己當老闆很爽的：「我就是不要再聽老闆指指點點！」然後創業後才知道原來「沒有老闆」，便是「全世界都是你老闆」（請參閱第二章）：你的客戶是你的老闆、你的合夥人是你的老闆、你的下屬都可以是你的老闆（視乎你會不會失去他就死）。但當然，當你的生意做到一定的規模，就不怕丟失一兩位老闆。

打工是有好處的，至少打工時不用擔心公司沒有收入，就算公司真的破產，你少收一個月薪金，摸摸鼻子重新找工作便是。自己公司就不同了：自己沒錢是一回事，員工們一家全部等著你開飯，肩上是有責任的，而且誰都不想看著自己的心血告吹。

但是，打工沒有完全實現自己理念的自由。明明你以前工作時知道有些計畫會賺錢、會行得通，上司可以毫無理據地（他們會說「憑經驗」）說你的建議「不可行，市場不會接受」，你便要接受上司的說法。自己創業的話，市場就是你最大的實驗場，直接反映你的想法可行與否。

所以說：有苦有樂吧！相對大的自由，自然有相對大的風險。但是，沒有人說過你需要放棄一切才能創業（建議參考 *The 10% Entrepreneur*），有些人上班前後會花時間創業，有些正職比較空閒和自由的，甚至會在工作期間偷時間創業。

然而即使有時間，人的精力還是有限的，公餘還有沒有心力精力去創業，就要看閣下的本事和日間的工作是甚麼了。我也見過四五十人的中小企，老闆跑去當跨國企業CEO幾年，到自己的公司成熟了，他才回巢。做法相當聰明。

成世流流長，如果有自己的理念想直接放在市場測試，成敗都在自己手上，創業是值得的。試過後，你很難想再替別人的夢想工作。(除非薪酬很高，或責任不大。)

重點

- 創業成功案例很少有公司合夥人多過三人以上。
- 最好一開始大家都有熱情，勇闖這創業的偉大航道冒險；和戀愛一樣，一開始都沒有熱情便很難成事。
- 分工合作，準時交功課和溝通很重要。
- 不要傻乎乎被人指使去做犯法的事。
- 混水摸魚的都不是好人。
- 數目和職責講清講楚，均真的關係才能持久。

附錄一：求職攻略

你可能是剛畢業，要找你人生的第一份工作；你可能是剛離開了舊工作，要找新的；你可能繼續在同一行業找工作、你可能是轉行；你可能是因種種原因離開了職場，現在要回歸。

種種原因都沒關係，工作找得好的話，你的一生可能只需要一份工作，不必多。你早晚一定會找到。Ready? Go!

第一關：請問一問自己，你急著用錢嗎？

或者應該問：**你的錢可以支持你找工作多久**？

如果有財政壓力的話，不用多想了，先找到最快收到聘書的那一份，不要想將來，做好本分別賣命，記住是騎牛搵馬而已。

壓力比較輕的話，可以想想自己工作的目的，是為了錢、經驗、安穩生活、平衡家人相處時間、培訓晉升機會，還是其他甚麼的。這個問題只有你可以回答。然後，謹記這些理由，別在職場中迷失。

第二關（上）：準備履歷

在準備履歷前，**請準備你心儀的招聘廣告幾份**，最好是同一行業的。假設你對幾個行業都有興趣，就請準備另一份履歷，因為裡面使用的字眼是不同的。

你或者會想：明明我是同一個人，為甚麼要有不同的履歷？關鍵是人有很多面向，比如你是個善於和人打交道的人，但在一些數字數據分析的工作上，你寫上這項優勢未必比你寫「有一流的分析和解難技巧，能在高壓環境獨立工作」好。（履歷當然寫英文：Excellent analytical, troubleshooting skills and able to work under pressure independently.）

切記，履歷是投其所好的。所以我說「心儀的招聘廣告幾份」，他們想要甚麼，你就寫你有甚麼，這些**關鍵字**HR都會見到，然後心中剔剔剔，正中紅心：「就安排面試吧，不就是部門主管想要的人？」

人愈大，資歷愈深厚，過往的經歷開始可以**量化**。例如你可以寫你統領過多人的團隊，多年內或一年內為公司創造多少收入，或有甚麼成就。Number matters.

但切忌誇大自己一看便知平凡的經歷，寫得天花龍鳳，例如做不夠三個月的跨國公司助理經驗，就不要強調說這就是你的人生成就之一，平實地把事實寫出來還是可以的。（只是三個月的工作我會選擇不寫——下面詳述。）

人家需要你懂的軟件或程式，你大部分都要寫下去；不懂或不熟的就馬上去 YouTube 惡補兩三日，每日八小時，自己安裝實戰一番。除非你應徵的是 IT 界或程式員，否則通常要求不高，兩三日練習甚麼都夠，例如 Excel（VBA 程度以下）、Photoshop、Google Analytics、SPSS 等等。

坊間有一些免費或付費的編寫履歷平台，可以把你的履歷至少弄得整齊。自己用 MS Word 弄的都可以，但顯得有點平實，而且我發現不少人連每句句子統一邊界在同一條線上開始都未必懂，看來紛亂。若然英文不好的話，建議撰寫履歷後找個英文好的人替你看一看。

太短暫的工作經歷我會選擇不寫，反正在 HR 眼中就是不忠心的罪證——但其實誰都知道工作不合不止是員工一人的問題。我建議如果想轉工，應該趁早，他日可以一筆抹走幾個月的不停試工過程；而不是明知道工作會有問題，仍然堅持試幾個月，到幾個月後受不了又要轉工，你的工作紀錄便會長期斷斷續續，成為 HR 口中的「太 jumpy」。

我見過最聰明的同事是：剛入職後仍然會在下班後趕去見工，除了因為那份工的確惡哽，更是她會努力為自己爭取更多，果然一個月內她取得更好的 offer 便一日通知辭職走人。

常見問題：預期薪金可以不寫嗎？

可以的，即使在招聘廣告上寫明你要寫，你都可以選擇不寫。但是，我學乖了，發現寫了能避免大家浪費時間。明明我要月薪達某個數字才會開心，就寫下那個數字吧。即使有公司只能給少一點，他們都會找你的。

唯一不好大概是薪酬沒有太多上漲的空間——萬一他們的預算是四萬，你寫了要求三萬五，他們真的只會給你三萬五。如果你知道了，可能會不開心（前提是你會知道⋯⋯）。請你事先翻閱人力資源報告，大概了解你的叫價是多少，又或者先把履歷寄給中介公司，探一探口風。

折衷方法可能是：你把現職的薪酬寫在履歷，出手比你現在崗位還要低的公司都會自動消失。

第二關（下）：求職信

除非是你心儀的工作，除非你職位很高、行業空缺很少，對行業不算窄的凡人來說，求職是一個鬥多的 number game，送出的履歷愈多，面試的機會就愈多，求職成功的機會亦愈大。（總有些人超凡入聖，此作例外。有段時間我送出兩份履歷便有兩次面試機會，兩份都想聘請我，不用多。但也不是萬試萬靈。）

這些年頭我基本上是不會寫求職信的，因為花時間。即使每人應該為各門有興趣的行業長設一封度身訂造的求職信範本，但就算有範本，每間公司的求職信多多少少都要修改，這會大大減低求職投遞履歷的數量。如果一小時你可以寄出三份有 cover letter 的履歷，倒不如把 cover letter 忘記，一小時內按鍵傳送二十份履歷給不同有興趣的公司；後者得到面試的機會肯定比前者多。

除了求職數量問題，我不大重視求職信的原因是：很多公司第一輪篩選只求看履歷上吻合的關鍵字，不多看求職信；二來求職信有錯字反而成為「為人不小心」的證據，多做多錯，不做不錯；三來要求求職者寫求職信的公司，公司文化沒有太大同理心——他們沒有為個別求職者寫招聘廣告，站於求職與招聘其實是一場公平的商業交易分上，為甚麼他們會要求求職者特別為他們招聘的崗位寫 tailor-made 的求職信呢？

除非有職位我特別心儀，否則送上求職信這事可免則免。

第三關：面試

收到那要面試的電話，很興奮！你避開了同事去談一談，或者你直接跟對方説：「現在不大方便，介意我轉頭打給你嗎？」事後再聯絡，總之，你要安排去面試了。

見工時間

現在見工愈來愈可以靜悄悄。我假設你不是剛剛畢業，有些工作經驗了，崗位也不是千人競爭，合適人選不算俯拾皆是：你除了告假去見工外，還有其他選擇。

如果見工地點離自己公司／家很近的話，可以安排上班前的八點、午飯時間（早點點出去，晚點點回來，一次半次不會驚動太多人），甚至是六點下班後去見一見。面試時間通常可以互相遷就，因為大家都知道擠出病假見工，無論你有多少張醫生紙，只要臨時請假請得多，現任僱主都會有微言。18:45 / 19:00 會是最熱門的非 office hour 面試時間。有次最神奇的面試是早上七點在 Starbucks，地點離我家只是兩個地鐵站之遙。

見工前第一樣準備：起底

首先請到 https://david.co/job.php 查一查該公司在 JobsDB 登招聘廣告的次數：長期請不到人，或者是大公司但同一個職位隔幾個月就要招聘一次，凶兆也。就算不是騙人呃橋，上司下屬或同事都會非常惡哽。

再去 Google Map 查一查公司位置，與你家的距離，乘車時間需要多久。我有一個慣例：前往公司如需半個小時以上，我就不會去面試。因為舟車勞頓很辛苦，來回一個小時是我個人可以接受的範圍，時間再長我受不了，回家後一片癱瘓，我的生活就只剩下工作。每人的接受能力都不同，應該清楚自己的接受範圍。

有些工作原來是每日來回四五小時的路程，我會直接勸你放棄，鐵人都受不了，死挨也是無謂，不如找近一點的工作。

見工前第二樣準備：資料

把招聘廣告找回來，熟讀甚至是背誦工作崗位的説明和要求（job description & job requirements），想想如何舉實例證明你有做過這類工作的經驗和成績，想想你會怎樣説好這個故事。對於實際要求和軟件操作，可以多加溫習。

同時請研究一下該公司的歷史和背景，通常在他們的官方網頁和招聘廣告的公司簡介中會找到。輕輕找一兩個例子説你怎樣可以融入他們的公司文化，又或者你有甚麼深感認同的地方。

如果可以的話，上 LinkedIn 研究一下跟你面試的人是怎樣的人，有沒有甚麼共通點。有了他們的名字，Facebook 也是你的好幫手。（所以請你也好好管理你自己 Facebook 的「地球 posts」，我見過有老翁老闆的公開 banner 是他攬住四五個巴西艷女，共事時發現他相當專制，其實也挺符合人物性格。）找到他們的喜好，可以避開一些雷區，但找不到都沒有關係，做好自己就是。

見工前第三樣準備：衣著

事前要準備好面試的衣衫，可以燙的話，就燙一燙。了解你的行業，了解該公司，不要太莊重，也不要太 casual——若果衡量不到的話，可以到該公司樓下走一趟。還是不知道的話，要明白「You can never be overdressed or overeducated.」——莊重點始終是比較好。我也試過面試後被對方留下來訓示了一小時，説我的中學專出有能力的人，但就是不夠顧及形象，單憑我的衣領有點皺就知道。然後她把我的薪金壓了幾千，說讓我來工作是塞錢入我袋。我說：不了。

但下一次我學會事前燙好衣服、襯好鞋和錶，重要的面試甚至會試好妝容，盡量減少對方任何挑剔的藉口。

見工前第四樣準備：物件

我有個習慣，由於面試的路途和當中總會有漫長的等待，帶一本有趣的書旁身——人家遲了見你，你不會因對方浪費你時間而太生氣，人家沒話題時可能會聊一聊你手上的書，也是一個很好的面試切入點。有些美國大公司的夢幻好工，名校會教畢業生在求職時把一些*The Wall Street Journal*、*Financial Times*之類刊物「不經意」地夾在文件中，當然要熟悉裡面的話題了，這會給面試官留下好印象，面試官甚至會墮入求職者預設的話題來面試。

履歷副本、學歷及工作證明、身份證不要漏。帶紙巾和梳以便整理儀容。

筆、電話、電話充電器是必要的。有時候有些事你記不住，有些實例你想即時提供，是可以按電話的。我有時甚至在筆試時都會按電話——人家沒有說不准嘛，你上班時遇事不懂都是上網查，怎麼就不能在面試時即場找答案？

有前輩是IT界的大佬，投資銀行問他身為程式部門主管，他認為程式員最需要懂做的事是甚麼呢？他答：「抄。」因為很多固有、沒有漏洞的編碼一早存在，從頭建立是不懂站在巨人的肩上看世界。懂得抄，懂得選擇性找有用的答案，是很重要的。

而我見過最出色的求職者（就是上述剛入職仍然會在下班後見工的那位），為自己準備了一個deck：她會手拿著一部自備的平板電腦，一路說自己的履歷，一路翻開powerpoint，就像一個銷售員向客戶闡述自己公司有甚麼歷史和豐功偉績，以及後半部對客戶作了一點研究和建議，只是這次她是在 sell 自己。我深深地被震撼，她找到好工作是有原因的。我強烈建議可以仿效，或者在面試後的 thank you email（其實這舉動在香港是可有可無的，投考機師除外）上附上自己的 pdf，留一個印象給對方。這些小舉動，多做不會減分的。

見工前第五樣準備：如何作答基本面試問題

既然你得到公司邀請面試，便不須擔心你個人經歷有太大問題：如果你達不到基本的要求，九成九的僱主不會花時間去見你。僱主説自己「皇恩浩蕩」給你面試的機會，讓你好好的討好他們和證明自己，都是一種打擊你和壓價的手段而已。

然而有 1% 是例外的，有些公司給你面試是為了其他目的。試過有 startup 賣智能水杯的，根本不需要請 marketing 的主管，但他們會面試到最後一步，要求應徵者寫一份完整的計畫書，以便他們執行，後來就知道他們長期招聘以獲取最新的行業資訊和專業意見，人是不會聘請的。你要不要詳寫一份，自己衡量吧。我那時花了八小時做研究、寫了三張紙，短小而精幹，精華所在，這是我對這份工作肯付出最大的賭注了。多一隻字都不願意。

至於面試問題，簡單的自我介紹、為甚麼想加入他們公司，這些是必要的。有些問題卻真的可能把你嚇窒，不妨先行預備。熱門問題有：

「太 jumpy」

説起僱主對僱員「太 jumpy」的顧慮，有時是合理的，例如求職者每兩三個月便轉一份工，將心比心，如果你是僱主，都會有點怕；但是也有不合理的，例如明明你做了兩三年才轉另一份工，有些挑剔的 HR 都會説你 jumpy，但同樣地你在一份工作逗留了四五年，他們又會質疑你「同一個 skill set 用了那麼多年，會不會只懂自己的一套而且過於守舊」。

這些不合理的都可以不理。合則來，不合則去，你盡力去回答就是。假如被問及為何工作了一兩年才走的——可以回答是完了幾個 projects、公司架構有變等等，至少你把工作完成了。至於說你做得太久，工作能力生鏽的，你可以說你一直留意業界的走向，和同業分享交流，連在自己崗位上都要與時並進之類。若要回答轉職的原因，也有很多，例如：公司重組、被人挖角、苦無晉升之路、工資長期低於市價、工時太長等等。

容我再三強調：人家是看完你所謂 jumpy 的履歷仍然叫你來面試的，表示這問題不大，有可能是看看你怎樣完善解釋或反應，不必反應太大，認為別人刻意針對、苦苦相逼。至於人家喜歡你與否，都是靠緣分，畢竟怎樣完美的履歷都可以挑出毛病，人無完人。

工作上有一段空白時期

情況你可以參考僱主的做法，想想他們會不會一來就向你解釋：「為甚麼我們這裡每半個月就要聘請一個新人？」「為甚麼我們最快辭職的員工只上了班三分鐘？」「其實很多人第一天上班，午飯時分拿著手袋就走出大門，不再回來。」不會的。你不問，他們不說。你問，他們都說有利自己的版本，你信就好，不信就走。所以，你都應該把有利於自己的版本拿出來解釋，大事化小、小事化無。

如果你是需要這工作的，你會說服自己相信他們；同樣地如果你是最合適的候選人，他們都會選擇相信你。

你的強項弱項

不要太虛偽，把自己的強項說成弱項這麼老土（正常的面試官一日聽十幾次這些悶透的老土官腔答案，誰會記得你？）。面試時做自己但把最好的一面拿出來就是，不必太扭曲。

被問及弱項，有些坊間建議是挑選無關重要的來回答，心慈的面試官會因此放過你，但手硬的會質問：「這和我們的工作有甚麼關係？」

我會建議你挑選真正有關的輕微弱項和同時提供補救措施。例如我記人樣很差的，這會影響見客和與其他友好公司打交道，我的補救措施是拿了名片並在上面記下那人的簡單描述，並反覆在對話中重複對方的名字，讓自己記牢一點。

很多時面試的刁難問題，面試官並不是想得到一個完美的答案，而是從中得到你思考的方式。至少你肯努力補救你的缺陷，也算是積極上進的好員工。

有關於「如何在面試中表露真實的自己美好的一面」──彷彿「真實」和「美好」有矛盾──切記：職場如情場。

勞資關係如情侶關係，在一段感情關係曖昧互相認識時，九成九的關係都想給對方一個好印象；很少會在剛相識時就讓對方發現你喜歡拉大便不洗手，放完屁喜歡用手撈住嗅一嗅，一起床口氣很大，睡覺鼻鼾如雷，認識對方之前不修邊幅得頭髮三個月不洗、鼻毛整天跑出來指著人。這不叫真誠，這叫沒誠意，這叫嚇怕人，雖然也是你的真實面。這樣的話，即使你有雄厚的實力和鑽石一樣美好善良的心靈，絕大部分人都不會留下來去好好認識你。（當然如果留得下來的，應該是萬裡挑一真心喜歡你這個人，或是有點癖好。）

人有很多層面，你梳妝打扮整齊後醒目耀眼，待人接物大方得體，完全沒有剛起床時的臭脾氣，這些都可以是你的真實面，你可以選擇這樣呈現去吸引更多的人。

你不必假裝是另一個人，明明大剌剌裝成柔弱溫文；職場一樣，明明你就很討厭當 yes-man，就不要在面試中千依百順，一副小奴才的樣子，難保有公司就是喜歡你獨立能幹。但過分鉅細無遺地展露自己的真實缺陷有時會嚇怕人，例如你在上一家公司因為堅持執行新項目惹眾怒才辭職的，這些就可以不說了。

不誠實，這樣開始的關係注定痛苦和不長久，坦白做自己的人生才舒服和有意義；太誠實，有些事對方沒有必要（一開始就）知道，會嚇怕人，失去很多機會。所以「誠實與包裝」根本就是一門生存的藝術，值得花時間去好好自己思量。

第四關：等

面試過後便是等待吧。有時候等來的是下一輪面試，有時候就是等消息。等得焦急的話，隔了一兩個星期，即管可以電郵給HR，説你可能有其他的聘書，只是對他們特別有興趣，問一下進度如何，我想也是合理的。

在找工作時，切記保持平常心，明白對方公司在「招聘」時你在「應徵」，大家關係其實是平等的，他們在選擇你，你也在選擇篩選合適你的工作環境；工死工還在，塞翁失馬，焉知非福；塞翁得馬，焉知非禍。

請在生活加添一點小情趣，除了每天望著電腦和電話寄履歷和等消息，也應該做一點自己喜歡的事，這樣的日子才不會變酸。

一間公司不聘請你的理由可能有十萬個，當中九千個不關你事，可以挺無厘頭的。（以前替一個老闆請人，他自己都不清楚自己想要甚麼人。今天説要求A，符合A的人出現，然後他改天説要B，再下一天説要C。對於符合A的那個人來説，其實很無辜。也有些老闆挺沒有眼光的，明明就是甲比較好，他因為一些小事認為乙更好，可能是更聽話，可能是覺得某些自以為的優點比才能重要。你想想你見過多少庸才同事，就會知道所言非虛，非戰之罪。）你可以一直進步，但請不要被打擊而氣餒。繼續找心儀的工作吧。

有些人會問：究竟這「繼續找工作」何時可以停止？

有些人會在收到一份聘書時就停止，但有些不幸的人會在獲聘和辭職中間的日子，忽然收到新公司説已經聘請了其他人的噩耗，轉工變裸辭，所以也有人即使獲聘都繼續找工作。我見過最「積極」的人返新工頭三個月還是在面試，反正首一個月辭職是即日通知，第二三個月也只需一星期通知。行為視乎性格而異。

如果已有次選的Ｂ公司聘書在手，正等待首選的Ａ公司公布招聘結果，不妨和Ｂ公司商議押後上任的日子，或者依然上班但有隨時辭職的心理準備。但你把Ｂ公司當備胎一事就千萬不要如實告知，因為難保你最後和它長相廝守。正如如果你拍拖時有異心要偷食，就應該索性一不做二不休，隱瞞到底，千萬不要忽然來個良心發現，和伴侶懺悔求原諒──那條不忠的刺永遠都會在，很大機會導致分手，到手的職位都可以隨時飛走。

附錄二：劈炮攻略

坊間流傳馬雲説過一句：「人辭職只有兩個理由：錢不夠、氣不順。」雖不全中，亦不遠矣。（總有其他理由，例如：進修時間不足、要多陪家人、要移民、想辭職準備結婚等等，理由可以千奇百怪，但佔少數。）

為了個人穩健的財政，不少人喜歡工駁工，有了聘書才辭職，盡量不讓在職的公司發現——萬一自己轉工不成，又被公司知道自己有異心，升職加人工便凍過水了。

「氣不順」，根本上是沒救的，除非你的仇家消失，或者你有興趣轉部門，而你大老闆又首肯。至於「錢不夠」，有時可以跟原本公司談談。有些人喜歡有其他聘書在手才問現職公司想不想跟注碼（其實沒有這 offer 都可以和上司鬥大，你跟上司説你有 offer 在手，難道上司會叫你出示證明嗎？），有些則喜歡先和上司談判，談判破裂便假裝肯忍一年半載，留待年尾再問升職加薪之事，然後私下找工作，兩條路都可行。

劈炮時上司的恆常反應

當你見成一份工，要劈炮時，視乎上司的質素，有些上司心態會不平衡：一來反應不來，未能決定你是否值得公司加福利加薪金把你留下，二來不清楚以你同樣的薪酬在市場上找一個類似的人有沒有難度（這其實是人力資源部的責任，他們要了解員工的資歷和待遇是高於還是低於市場），他們不清楚自己和市場 offer 之間的距離，三來亦未必清楚你離職的真正原因。

你視乎上司的接受能力和誠意，可以解答他以上的問題（同時有可能是他們解決到問題，你被説服留下來）。但如果你明知他們是求氣，而不是想解決問題的，或者每次面對反對意見都相當激動，你便隨意找個答案令他們好受便是，不必説真正問題的根源，反正他們都不會改，只會攻擊你。

有些公司很順攤，知道人各有志／小廟藏不到大神，有些魚注定過塘才肥，好來好去，你便好來好去吧。有些公司很惡意的，會故意刁難，例如：通知期兩個月明明沒事幹，死活都不提前完結，逼你日日乾坐又鎖死你對公司 server 的內部資料使用權限，務求人家公司等不到你入職而另覓人選。你可以和新公司談談，我試過有公司願意 buy-out 全數替我賠通知金，即時離開舊東家，前提是和他們簽至少一年的合約。

有些上司會言語單打你，令全公司人杯葛你，沒關係呀，你記住你還是受薪的，反正他們不能再炒你一次，你手上的工作完不完成不重要。公司太過分的話，即管日日上班坐在電腦前看電影、看 YouTube、用手提電話打機。

山水沒有相逢的。人做初一，你做十五。怕舊東家同事周圍說你壞話？別犯傻了，就算你辭職後表現完美，人家的嘴巴長在人家身上，他們想說甚麼壞話都可以隨時捏造。你肯做奴工，清譽都可以受損。[11]

辭職應該好來好去、繼續做牛做馬？

有人會很害怕與上司撕破臉：「他不給我寫推薦信，我豈不糟糕？」

但推薦信這東西可有可無，如果你上司（或你自行撰寫再由上司簽名）的推薦信寫得出色，將來在求職時有可能加一點點分；但世上九成推薦信都是由 Google 複製下來再稍為修改來敷衍了事，不看也罷。你只需要 HR 部門替你寫一張工作證明，證明你何時入職，何時離開就可以。倘若關係嚴峻得連工作證明都不願發，你還有 MPF 紀錄吧？這又可以作為你的工作證明了。

說甚麼「山水有相逢」，除非你的行頭極窄，否則你將來會明白這「有相逢」可能和三百年一遇的九星連珠一樣遙遙無期。既然要走，不要怕得罪人，也沒有必要在遞信後繼續當奴隸，圖個好來好去，平常心就好。反正當你要走，你只會是他們眼中的壞人。

11 看看《六國論》吧：「六國破滅，非兵不利，戰不善，弊在賂秦。」一千年前已經在說跟惡勢力虛與委蛇，俯首稱臣從來都不能肯定自己有好日子過。保護自己和還擊、喚醒更多人都不要低頭才是王道。

一個劈炮員工的自我修養

由遞信的那一刻開始，通知期可能是一兩個月，高層有可能是半年，你要有當了一個壞人的自覺。如果你鐵了心腸一定要成功辭職，請你在遞信後補上電郵給上司，一定要 cc 傳電郵副本給人事部——因為有些心態不平衡的老闆會百般留難，當作收不到紙本的辭職信，死無對證。（我試過因下一份工想我愈快上班愈好，剛好收到 offer 之後是假期，我便先電郵辭職留下紀錄，星期一上班再補上辭職信。）

遞信後不要希望日常和你友好的同事繼續一如既往地親密無間——沒有人想被當作下一個叛徒。你可以保持友好，但同事可能對你保持距離你應該要明白。

散水餅

$10 樓下的 cheap 餅免了。同事對你不好，你靜悄悄走掉就算了。散水餅的原意是感激同事一路以來的幫助，還有留條後路他日大家好相見。時代日新月異，會做得成朋友的，自然會自己留下聯絡；和你不友好的，吃你一塊餅還要嫌你煩到他們，便宜的西餅尤甚，同事只會覺得你 cheap，吃力不討好。

總之，散水餅送得氣順就好，亦不必拘泥一定要是「餅」，因為如果在辭職高峰期，同事可以一星期食三次西餅，吃到飽，總有最後幾塊可憐的西餅被拿著巡遊問人誰想多吃，多寃。（最奇異的散水餅選擇：有次我選了「散水魚蛋」和「散水燒賣」，秒速清光，皆大歡喜。）

Last Day 和 Last Day 後的異象

有些僱主對於員工（尤其是沒有過試用期的）辭職會發難，就是不發最後一期工資——勞工處見。

或者你嫌鬧上勞工處太花時間，你可以和公司中最講道理的管理層或人事部談一談，面對面也可，電郵也可。通常發難的只有一兩個，其他管理層未必通通都是變態的。

有些公司會在你走的那天，裝模作樣地叫你做一場「exit interview」，說說你為何要走。真的，你說了他們都不會改的。（我知道，因為我都曾試過認真對待所謂的exit interview。離職後不少舊同事再見亦是朋友，他們反映exit interview提及之處並沒有改善。）大家當做場戲便算，反正已經是last day。唯一有用的可能是：你在exit interview說了有利你上司權鬥的離職原因，他／她便會拿你的說話來做籌碼。

既然你上司有分令你執包袱走人（姑勿論是直接，還是間接地沒有替你爭取應得的），又何必送武器入他們的武器庫呢？

後記

未到三十歲時，已打過二十份以上有合約的工。我不算萬中無一，但都不算常見。旁觀者會覺得驚奇有趣，如幻似真，不知有多少誇大其辭，但真正想經歷其中的人不會多。更多的人會想問：「我要如何才能避免轉工二十次的命運？怎樣做更能一擊即中，天長地久？」

職場如情場，我重複又重複，非常認真。

上一輩的人都説學生不應該談戀愛，害人不淺。最容易發展一段最純真的感情、最容易結識到終身伴侶的時期，就是讀書時期。**愈早了解自己想要甚麼**，愈早經歷跌跌撞撞然後立即修正，愈快能修成正果。

到畢業後工作了幾年，你開始見單身的人心急了，認識的人少了，工作時間長了，選擇少了，沒有年少般無畏了，找個人長久走下去不是不能，只是比之前困難。

放在職場上，有些人年少便知道自己能力和取向，選了專科，鋪設了一條人生大道，拾級而上，自然不需要跌跌撞撞，只有前進和後退。有些人不是讀專科的，都想自己穩穩定定，那就趁畢業後的兩三年，把想要了解的相關行業都了解個夠，然後便定下來，慢慢一磚一瓦建立自己的事業大道。

只是，職場和情場都是無依據的。變幻才是永恆。

早結婚的人可以嫌自己未玩過，有些人到中年才受誘惑便抵抗不到。有些人一生順風順水，忽然四五十歲社會經濟結構性轉型，人到中年明明甚麼事都無做錯，忽然被裁失業，便會徬徨。

暴力拆解
68個
職場奇難雜症

作者： 呆總
責任編輯： 大表姐
美術設計： TakeEverythingEasy Design Studio
出版經理： 望日

出版： 星夜出版有限公司
網址： www.starrynight.com.hk
電郵： info@starrynight.com.hk

香港發行： 春華發行代理有限公司
地址： 九龍觀塘海濱道 171 號申新證券大廈 8 樓
電話： 2775 0388
傳真： 2690 3898
電郵： admin@springsino.com.hk

台灣發行： 永盈出版行銷有限公司
地址： 231 新北市新店區中正路 499 號 4 樓
電話： (02)2218-0701
傳真： (02)2218-0704

印刷： 嘉昱有限公司

圖書分類： 職場／商業
出版日期： 2021 年 6 月初版
ISBN： 978-988-79774-8-3

定價： 港幣 108 元／新台幣 480 元

本書部分內容涉及勞工法例或法律問題，僅供參考；如有需要，請諮詢勞工處或專業人士以獲取最準確的資訊。

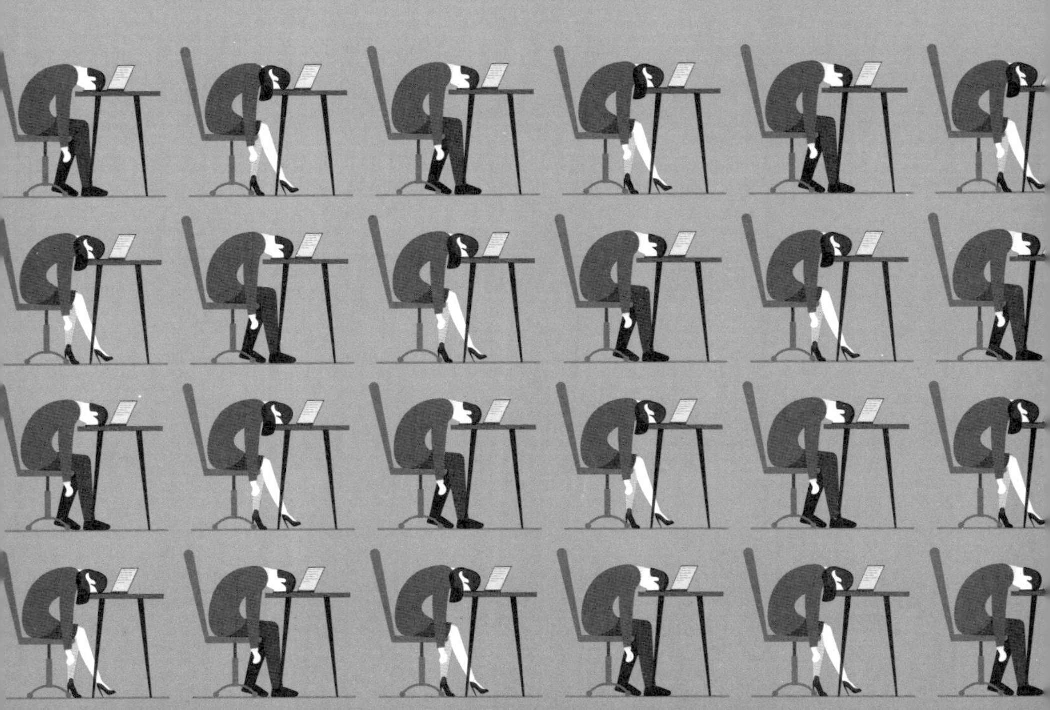

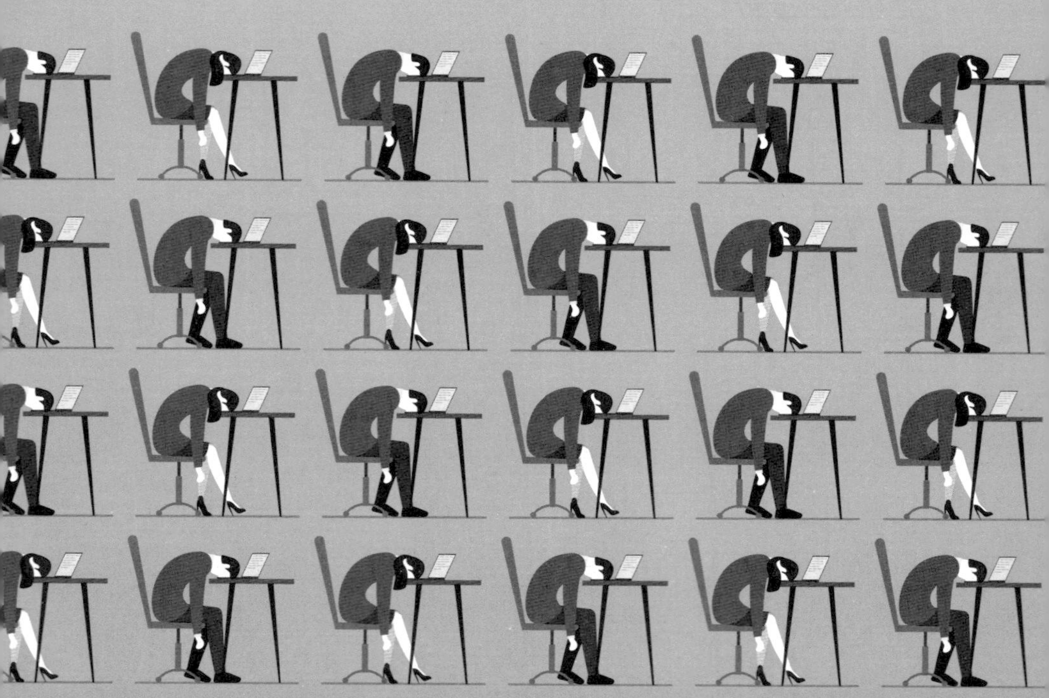

有些人覺得這樣轉變很可怕；有些人卻是習慣了。

世界在變，自己也在變。小時候喜歡食開心樂園餐，長大了喜歡 omakase。少女時期看《鐵達尼號》的 Leonardo DiCaprio 一臉清秀，驚為天人；廿年過去他已變成一個略胖的大叔。

所以我想：一切都是一個平衡吧。

嚮往穩定是人之常情，同時也要有心理準備不抗拒變遷，隨時適應其中；盡早摸清自己當下想要的是甚麼，用自己的心和理想做舵，便能在茫茫的人生大海中隨意航行。